"十四五"职业教育国家规划教材

湖南省职业教育优秀教材

Protel DXP 2004 印制电路板设计与制作

（第2版）

主　编　张群慧　黄茂飞

副主编　谭见君　艾琼龙　赵赞忠

北京理工大学出版社

BEIJING INSTITUTE OF TECHNOLOGY PRESS

内 容 简 介

本书详细介绍了 Protel DXP 2004 基本功能、操作方法和应用技巧。采用"项目+任务"的模式,重点讲解电路原理、PCB 的基本设计方法和制作方法。全书主要介绍了电子电路设计工作准备、串联稳压电源的 PCB 板设计、电子时钟的 PCB 板设计、U 盘的 PCB 板设计与制作、小功放 PCB 板的设计与简易制作和单片机实验板 PCB 板的设计等项目,便于读者操作练习。

本书内容全面、图文并茂、通俗易懂、实用性强,具有鲜明的职业教育类型特色,适合作为高等职业院校自动化、电子信息、通信、计算机等相关专业的教材,亦可作为电子工程技术人员的学习参考书。

版权专有　侵权必究

图书在版编目（CIP）数据

Protel DXP 2004 印制电路板设计与制作／张群慧,
黄茂飞主编. —— 2 版. —— 北京：北京理工大学出版社,
2017.8（2024.7 重印）

ISBN 978 - 7 - 5682 - 4534 - 0

Ⅰ. ①P… Ⅱ. ①张… ②黄… Ⅲ. ①印刷电路 - 计算
机辅助设计 - 应用软件 Ⅳ. ①TN410.2

中国版本图书馆 CIP 数据核字（2017）第 190603 号

责任编辑：高　芳　　　**文案编辑**：高　芳
责任校对：周瑞红　　　**责任印制**：李志强

出版发行 ／ 北京理工大学出版社有限责任公司
社　　址 ／ 北京市丰台区四合庄路 6 号
邮　　编 ／ 100070
电　　话 ／ （010）68914026（教材售后服务热线）
　　　　　　　（010）68944437（课件资源服务热线）
网　　址 ／ http://www.bitpress.com.cn

版 印 次 ／ 2024 年 7 月第 2 版第 5 次印刷
印　　刷 ／ 涿州市新华印刷有限公司
开　　本 ／ 787 mm×1092 mm　1/16
印　　张 ／ 17.5
字　　数 ／ 406 千字
定　　价 ／ 45.00 元

图书出现印装质量问题,请拨打售后服务热线,负责调换

Protel DXP 是 Altium 公司推出的支持中文操作系统的 EDA 软件，该软件内容丰富，功能强大，使用灵活；该软件将原理图、电路仿真、PCB 设计、FPGA 设计等完美结合，为用户提供全面的设计解决方案，在国内使用率很高。许多高校电子信息类专业开设了此课程，其主要任务是培养读者使用电子设计软件进行原理图和 PCB 绘制的基本能力，为将来胜任电子设计与制作岗位奠定基础。

为了帮助读者熟练掌握 Protel DXP 设计软件的使用方法和技巧，本书精心挑选项目，全面介绍利用 Protel DXP 进行原理图绘制、PCB 设计和制作的基本流程，以及使用 Protel DXP 实现电子产品开发的工艺知识与行业规范。

本书是作者多年教学实践和教学改革成果的体现，具有如下特色：

1. 项目驱动：以完成项目任务为目标精选内容，各项目和任务知识点分布由浅入深，从简到繁。

2. 案例导入：为使读者能够快速上手，导入量身定制的案例。

3. 理实一体：理论和实践有机结合，读者可以按照书中操作完成任务，培养实际动手能力。

4. 结合"1+X"考证：落实党的二十大精神，全面贯彻党的教育方针，落实立德树人的根本任务。以行业认证、技能竞赛的能力和素养要求为目标整合教学内容，结合国家计算机辅助设计中高级考证人员的需要，把国家职业技能鉴定的标准融入学习项目中，使读者在完成任务的同时，逐步达到中高级电子绘图员的职业水平。

为响应党的二十大号召，加快建设国家战略人才力量，努力培养造就更多大师、战略科学家、一流科技领军人才和创新团队、青年科技人才、卓越工程师、大国工匠、高技能人才。本书深入贯彻国家职业教育三教改革精神，具有鲜明的职业教育类型特色，内容全面、图文并茂、通俗易懂、实用性强。各项目任务从简单到复杂，由浅入深，按照产品设计和制作的完整流程进行布局；通过具体项目的解剖与仿制，突出案例的实用性、综合性和先进性，使读者能迅速掌握软件的基本应用，具备进行原理图绘制、PCB 设计和制作能力。项目包括电子电路设计工作准备、串联稳压电源 PCB 板的设计、电子时钟的 PCB 板设计、U 盘的 PCB 板设计与制作、小功放 PCB 板的设计与简易制作，以及单片机实验板 PCB 板的设计等，便于读者操作练习。

本书由湖南科技职业学院张群慧、湖南电子科技职业学院黄茂飞任主编，湖南科技职业学院谭见君、艾琼龙、赵赞忠任副主编。张群慧编写了项目四、项目五、项目六，黄茂飞编写了项目二和部分附录，谭见君编写了项目三，艾琼龙、赵赞忠编写了项目一和部分附录。全书由张群慧负责编写思路与编写大纲的总体规划，并对本书进行整理、修改和定稿。在编写过程中得到长沙三誉电子科技有限公司鼎力支持，在此一并表示感谢。

本书配套有数字资源，读者登录 https://mooc1 – 2. chaoxing. com/course/210786276. html 进行学习。如有问题请发邮件至 qhzhweb@ 126. com 与作者联系。

由于编写时间仓促，加之编者水平有限，书中难免存在错误和疏漏之处，敬请广大读者批评指正。

编 者

目录

Contents

I

目录

项目一

电子电路设计工作准备

【项目说明】

某印制电路板生产企业新招一批员工，请模拟企业 CAD 工程师为企业给新员工进行印制电路板绘制技能培训，技能点包括讲解印制电路板的概念、结构、分类及材料，印制电路板设计流程，Protel DXP 2004 软件的安装及使用方法等。

【任务要求】

（1）识别印制电路板；

（2）安装及汉化 Protel DXP 2004 软件；

（3）设置 Protel DXP 2004 系统参数。

【学习目标】

（1）了解印制电路板的概念及结构；

（2）了解印制电路板的分类及材料；

（3）掌握印制电路板的设计流程；

（4）掌握 Protel DXP 2004 软件的下载、安装及使用方法。

【能力目标】

（1）能够正确识别印制电路板（职业情怀）；

（2）能够科学规范印制电路板设计流程（职业岗位规范化、流程化）；

（3）能够安装及汉化 Protel DXP 2004 软件（版权意识）；

（4）能够设置 Protel DXP 2004 系统参数及导入输出文件（自主学习）。

电路设计的最终目的是生成印制电路板的 PCB 文件。根据原理图设计的结果将产生网络表文件，在 PCB 设计中引入网络表文件将引入电路元器件之间的连接。在设计印制电路板之前，首先要了解印制电路板的相关知识。因此本项目讲解一些印制电路板的基本概念以便于后续项目的学习。

任务1　认识印制电路板

什么是印制电路板？

PCB 是英文 Printed Circuit Board 的缩写，译为印制电路板，简称电路板或 PCB 板。为什么称为印制电路板呢？

印制电路板是用印制的方法制成导电线路和元件封装。它的主要功能是实现电子元器件的固定安装以及管脚之间的电气连接，从而实现电器的各种特定功能。制作正确、可靠、美观的印制电路板是电路板设计的最终目的，如图 1-1 所示。

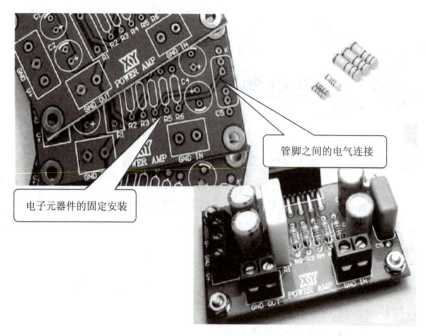

图 1-1　印制电路板的功能

如何实现印制电路板功能？

在电路板上如何实现元器件的固定安装和电气连接（例如直插晶振）？

针对固定安装，在电路板上：①按元件管脚的距离和大小钻孔；②在钻孔的周围留出焊接管脚的焊盘。

针对电气连接，在电路板上：①在有电气连接管脚的焊盘之间必须覆盖一层导电能力较强的铜箔膜导线；②为了防止铜箔膜导线长期在的恶劣环境中使用而氧化，减少焊接、调试时短路的可能性，在铜箔导线上涂抹了一层绿色（或蓝色、黑色、红色等）阻焊漆。如图 1-2 所示。

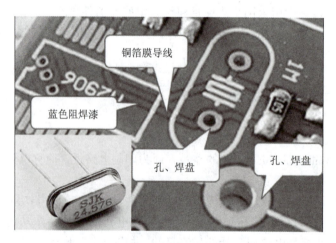

图 1-2　元器件的固定安装和电气连接

1.1.1 印制板的组成

一、印制电路板的结构

印制电路板的层与层之间由绝缘材料（玻璃纤维等材料）隔开。通过图1-3认识电路板的结构。

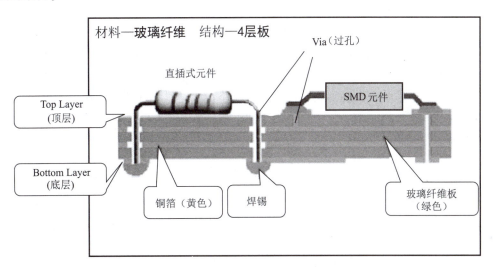

图1-3 PCB的材料和结构

层与层之间通过过孔（Via）相通或连接，如图1-4所示。

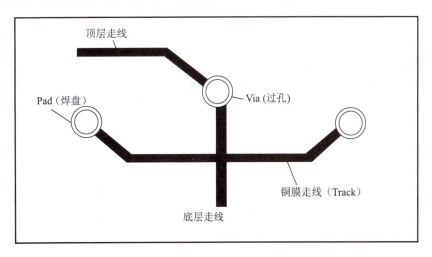

图1-4 过孔（Via）

二、印制电路板板层及板框

1. 板层

板层就是在印制电路板设计过程中可分层显示的电路板结构图。PCB最多可以使用七十多个板层，其中可以有32个信号板层、16个内层板层、16个机械板层、2个防焊板层、2个锡膏板层、2个丝印板层、2个钻孔板层、1个禁止板层、1个多任务板层和多个显示用途板层。每一类有其具体的使用意义。例如信号板层（如顶层和底层）对应电路板实体铜膜走线的分布图；丝印板层没有电气性质，纯粹是为了在电路板上绢刻说明文字或用于屏幕窗口显示。下面就各类板层的作用做一个简单的介绍。

信号板层最多可以有 32 层，32 层具体是顶层板层、底层板层和 30 个中间板层。信号板层通常用来定义 PCB 铜膜走线、焊点和导孔等具体的实体对象，是对应到实体电路板中最重要的板层，基本体现了整个电路的电气特性。本板层上放置的任何走线和对象都是代表电路板上有铺置铜膜的区域。

内层板层最多可以有 16 层，通常作为电源（VCC、VDD）或接地（GND）信号的板层，当然有些情况允许采用内层分割方式来连接一般信号。使用内层板层的优点是可以降低布线复杂度。本板层放置的走线与对象代表线路板上不铺铜膜的区域。只要将内层板层指定好网络名称，系统会自动地将相同名称的网络走线通过导孔与内层板层连接起来。

机械板层最多可以有 16 层，只是一些标示层，通常用来标示电路板在制造或组合时所需要的标记，如尺寸线、对齐标记、数据标记、螺丝孔、组合指示和其他电路板实体标示。

防焊板层可以有顶层与底层两层，是印制电路板对应电路板文件中的焊点和导孔数据自动生成出来的板层，主要用于涂刷阻焊漆。阻焊漆顾名思义就是一种无法在上面进行焊接操作的油漆材料，一般是绿色的。防焊板层上显示的焊点和导孔部分就是代表电路板上不铺阻焊漆的区域，也就是可以进行焊接的部分。

锡膏板层最多可以有顶层和底层两层。它和防焊板层很相似，不过它是用来对应表面粘着式元器件焊点的（何谓表面粘着式元器件在本章后面介绍）。

丝印板层共有顶层和底层两层，不过底层并不常用。它们主要在于记录电路板上供人观看的信息。印刷线路板设计软件会自动地将 PCB 文件内的元器件外形符号、序号和批注字段的设置值送入这些板层内。

钻孔板层有两层，分别是钻孔指引板层和钻孔图板层。它们都是由印制电路设计软件自动生成的板层，记录了制作流程中所需要的钻孔数据。

禁止布线板层只有一层，通常用来定义板框，也就是规范元器件布置与布线的合法区域。我们可以使用板框向导来协助生成板框，也可以直接在该板层用铜膜走线绘制出封闭的板框区域。必要时，也可以生成或绘制出中心有封闭缺口的板框，如用来提供电线、马达之类的机械对象从电路板中穿过的信道。在后面章节具体介绍在禁制板层上设计板框。

多任务板层只有一层，放置在该板层中的对象在设计输出时将自动地附加到所有信号板层中。该板层最主要的用途是快速地将跨信号板层的对象（尤其是焊点和导孔）一次就放置妥当。

显示用途板层只供显示消息，不允许摆置 PCB 对象。下面简单介绍这些显示用途板层的使用目的：连接板层（Connect）主要显示对象间的预拉线情况；DRC 错误板层（DRC Errors）主要显示电路板上违反 DRC 的检查标记；可视格点板层（Visible Gridl&2）主要显示可视格点或网格线，共有 2 层，可同时显示，也可以分别显示；焊点板层（Pad Holes）与导孔板层（Via Holes）分别显示焊点与导孔的钻孔外观。

2. 板框

板框就是为了规范元器件自动布置、自动布线和设计规则、检查操作功能所定义出来的合法区域。对印制电路板而言，板框就是在禁制板层上用铜膜走线绘制出来的封闭区域。当然可以使用手工绘制的方式来定义板框，这样比较有灵活性。不过在大部分场合中，都是使用印制电路板设计软件提供的板框向导来定义板框。至于如何利用向导或直接人工定制板框会在后面章节介绍。

三、印制电路板上的元器件

印制电路板中所使用的电子元器件，根据其实体外观大致可分为针脚式元器件与表面粘着式元器件两大类。针脚式元器件的体积较大并带有直针式的接脚，这是比较常用的元器件，如实验室利用面包板接线做实验时使用的双列直插芯片、电阻和电容等，都属于针脚式元器件。制作针脚式元器件的电路板必须先在板上钻孔才能够摆放电路元件，但是可以方便地在普通的铜膜板上验证自己的设计是否正确。工业界利用锡炉或喷锡流程来完成针脚式元器件焊接操作，当然在学校或是个人开发制作方面，就得靠手工进行焊接操作。如图 1-5 所示的是一些常见针脚式元器件的例子。

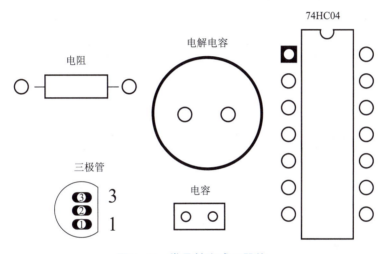

图 1-5　常见针脚式元器件

表面粘着式元器件焊点只限于表面板层，可以是顶层也可以是底层，两层之间使用过孔连接实现电路的完整性。使用表面粘着式元器件的电路板不需要经过钻孔的手续，工业上焊接方法是将锡膏倒在电路板上，然后配合锡膏板层清理出焊点，接着倒上液体状的焊锡，再将元器件摆上去就可以完成焊接的步骤了。由于制作流程较简易，成本低廉，加上 SMD 元器件体积较小，电路板的密度可以提高，所以现在商品化产品几乎都是这种形式的电路板。

注意：Protel DXP 系统采用两种单位，公制和英制。英制用 mil 表示，单位是毫英寸；公制用 mm 表示，单位是毫米。1mil = 0.0254mm，1mm = 39.37mil。在实际设计的时候有时会遇到元器件与元器件封装的搭配发生问题的情况，这些问题多数是由以下几种原因造成的：

（1）并未设置元器件外形属性或是设置为不存在的元器件封装。Protel DXP 如果没有查找到相符合的元器件封装就会生成错误信息。

（2）在进行线路板设计之前未加载对应的元器件封装库。必须先将可能用到的元器件封装数据库与对应的元器件封装库文件加载到内存中，否则会找不到该元器件封装。要找某个元器件外形所对应元器件封装库的名称，可以利用 Protel DXP 系统所提供的浏览功能。

（3）新旧元器件外形的引脚名称或脚位号码不一致。通常发生在放置好 PCB 元器件外形之后，又去修改元器件的设置属性对话框中的 Footprint 属性的情况下。

（4）元器件与元器件外形的引脚名称不一致。这是因为系统提供的封装的引脚名称未必与元器件外形相应的引脚名称定义完全吻合。设计人员必须特别注意元器件和元器件外形与系统提供的实体是否一致。

1.1.2　印制板的种类及材料

印制电路板是架构电路系统的基础，其作用是将电路中各元器件间的电气连接线做成铜膜走线，在一层或多层绝缘板上绘制信号板层，并在适当的位置放置元器件外形封装来安装各个电子元器件。简单地说，印制电路板按照结构划分为单面板、双面板和多面板 3 种。

1. 单面板（Single Layer PCB）

单面板是指只有一面敷铜的电路板，即所有的铜膜走线都在一个板层上面，因此设计人员只能在其敷铜的一面进行电路设计和放置元器件。它的优点在于结构简单，成本低廉，适用于相对简单的电路设计。但是对于稍复杂的电路而言，由于其只能一面走线的局限性使得布线困难，容易造成无法布线的局面。

2. 双面板（Double Layer PCB）

双面板顾名思义就是印制电路板的两面都可以布线，分为顶层（Top Layer）和底层（Bottom Layer）（如图 1-6 所示），建议设计人员一般只在顶层放置元器件（当然在顶层和底层都放置元器件也是可以的，但尽量不要这样做，只有在使用贴片元器件的时候建议采用）。底层一般为焊锡层面，用于焊接元器件引脚。双面板的制作工艺比单面板的制作工艺复杂得多，但采用双面板可以设计比较复杂的电路，由于它的双面都可以走线，所以铜膜走线的布通率可以达到 100%。双面板是使用最广泛的印制电路板结构。

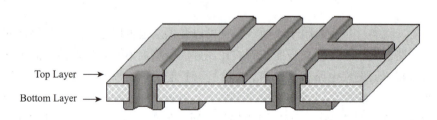

图 1-6　双面板结构

3. 多层板（Multi Layer PCB）

多层板是指三层或三层以上的电路板，它是在双面板的顶层和底层的基础上，还包含若干中间层、电源层和地线层（如图 1-7 所示）。多层板的制作工艺非常复杂，因此成本较高。但采用多层板可以设计复杂电路。另外板层越多，布线的区域也就越多，布线就变得更加容易，并且具有一定的保密能力。随着电子技术的快速发展，电子产品越来越小巧精密，电路板的制作也越来越复杂，因此多层板的应用也日趋广泛。

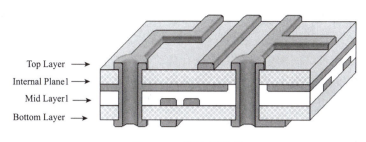

Top Layer →
Internal Plane1 →
Mid Layer1 →
Bottom Layer →

图1－7　多层板结构

在电路板的各层中，主要划分为信号层（Signal Layer）、电源层（Power Layer）、接地层（Ground Layer）和丝印层（Silk Screen Layer）。其中信号层主要用于放置各种信号线和电源线；电源层和接地层主要用于对信号线进行修正，并为电路板提供足够的电力供应。各层电路板之间整体上相互绝缘，并通过过孔连接信号线或电源线。

单层板和双层板没有专门的电源层和接地层，多层板中可能含有多个信号层、多个电源层和1个接地层。通过专门的电源层和接地层，可以扩大信号层的布线面积，从而降低信号线的密度，以防电磁干扰。例如，在常见的4层电路板中，最上和最下两层是信号层，中间两层是接地层和电源层；在常见的6层电路板中，可能有3个或4个信号层，1个接地层，以及1个或2个电源层。

1.1.3　印制板的设计流程

印制电路板图设计的一般步骤：

1. 绘制电路图

这是电路板设计的先期工作，主要是完成电路原理图的设计、绘制和逻辑检查，包括生成网络表等。在绘制完原理图并向PCB板导入连接信息后，有时在布线过程中会需要重新对电路原理图进行调整。一张好的原理图是整个电路设计成功的基础。（当所设计的电路图非常简单时，也可以不进行原理图的绘制，而直接进入PCB设计系统。）

2. 规划电路板

在绘制印制电路板之前，用户要对电路板有一个初步的规划，比如说电路板采用多大的物理尺寸，根据电路的复杂程度确定采用几层电路板（单面板还是双面板），各元件采用何种封装形式及其安装位置等。它是确定电路板设计的框架，合理规划电路板使整体的结构合理化及保证产品装配完成后正常工作。

3. 设置参数

主要是设置元件的布置参数、层参数、布线参数等。有些参数用其默认值即可，有些参数在Protel使用过以后，即第一次设置后，几乎无须再进行修改。

4. 装入网络表及元件封装

该步的主要工作就是将已生成的网络表装入，若前面没有生成网络表，则可以用手工的方法放置元件。封装就是元件的外形，对于每个装入的元件必须有相应的外形封装，才能保证电路板布线的顺利进行。

5. 元件布局

布局有自动布局和手工布局两种方式。规划好电路板并装入网络表后，可以让程序自动装入元件，并自动将元件布置在电路板边框内。也可以让用户手工布局，将元件封装放置在电路板的合适位置，才能进行下一步的布线工作。

6. 布线

布线就是完成元件之间的电路连接，也有自动布线和手工布线两种方式。若在之前装入了网络表，则在该步中就可采用自动布线方式。在布线之前，还要设定好设计规则。往往自动布线的效果难以令人十分满意，尤其对于一些有特殊要求的设计。因此，在完成设计之前，最后的手工调整一般是不可缺少的。

7. 文件保存及输出

完成电路板的布线后，保存完成的 PCB 图。然后利用各种图形输出设备（如打印机或绘图仪）输出电路板的布线图。

任务 2　安装 Protel DXP 软件

1.2.1　Protel DXP 的主要功能

Protel DXP 2004 提供了一套完整的设计工具，可以使用户完成从概念到板卡级的设计，所有的软件设计模块都集成在一个应用环境中。Protel 集成应用环境的主要功能分为：原理图设计、印制电路板设计、FPGA 设计、VHDL 设计等。

Protel DXP 环境下可以进行基于原理图的 FPGA 设计、基于 VHDL 语言的 FPGA 设计、原理图与 VHDL 的混合设计等。在 Protel DXP 环境下可以实现测试平台程序设计、设计仿真与调试、逻辑综合等。

1. 方便的工程管理

在 Protel 2004 中，项目管理采用整体的设计概念，支持原理图设计系统和 PCB 设计系统之间的双向同步设计。"工程"这一设计概念的引入，也方便了操作者对设计各类文档的统一管理。

2. 统一、高效的设计环境

Protel DXP 使用了集成化程度更高、更加直观的设计环境，它与 Microsoft Windows XP 相适应的界面风格更加美观、更加人性化。通过使用弹出式标签栏和功能强大的过滤器，可以对设计过程进行双重监控。在 Protel DXP 中，要编辑某类文件，系统自动启动相应的模块。尽管模块的功能不同，但其界面组成和使用方法完全一致，读者只要熟悉了一个模块，再使用其他模块就会变得非常容易了。

3. 丰富的元件库及完善的库管理

Protel DXP 为用户提供了丰富的元件库，几乎包含了所有电子元件生产厂家的元件种类，从而确保设计人员可以在元件库中找到大部分元件。同时，利用系统提供的各种命令，用户还可以方便的加载/卸载元件库，以及在元件库中搜索和使用元件。

4. 强大的原理图编辑器

原理图编辑器是 Protel DXP 的主要功能模块之一，主要用于电路原理图的设计，从而为印制电路板的制作做好前期准备工作。原理图用于反映各电子元件和各种信号之间的连接关系。

此外 Protel DXP 信号模拟仿真系统包含了功能强大的数/模混合信号电路仿真器 Mixed

Sim 和大部分常用的仿真元件，用户可以根据设计出的原理图对电路信号进行模拟仿真。

5. 优秀的 PCB 编辑器

PCB 编辑器是 Protel DXP 的另一重要功能模块，主要用于 PCB 图设计，用户在设计好原理图并对电路板进行适当设置后，可利用系统提供的自动布局和自动布线功能对电路板进行自动布局和布线。当然，如果自动布局和自动布线结果无法满足要求，用户还可以方便地对其进行手工调整。

6. VHDL 与 FPGA

VHDL 的英文全称是 VHSIC（Very High Speed Integrated Circuit）Hardware Description Language，中文意思为超高速集成电路硬件描述语言，利用它可进行硬件编程，主要用于数字电路设计。在 Protel DXP 中，创建 VHDL 文档后，可直接使用该语言进行程序设计。

FPGA 的英文全称为 Field Programmable Gate Array，中文意思为现场可编程门阵列。使用 Protel DXP 可以创建 FPGA 工程，用以设计 FPGA 元件。设计完成后，可以将生成的熔丝文件烧录到设计的逻辑元件中，从而制作出符合设计功能的元件。

1.2.2　Protel DXP 的安装、汉化

一、Protel DXP 的安装

Protel DXP 2004 SP2 是一款功能强大、简单易学的印制电路板（PCB）设计软件，它将常用的设计工具集于一身，可以实现从最初的项目模块规划到最终的生产加工文件形成的整个设计过程，是目前国内流行的电子设计自动化（Electronic Design Automatic，EDA）软件。

Protel DXP 2004 的安装步骤如下：

（1）单击 Setup. exe 开始安装 Protel DXP。出现"欢迎安装 DXP 2004 SP2"的安装界面，单击 Next 继续。

（2）选择"I accept the license agreement"，单击 Next 继续。

（3）设置安装路径，单击 Next 继续。

（4）安装开始，结束时单击 Finish。

二、Protel DXP 的使用和汉化

（1）拷贝 Protel 2004_ SP2-SP4_ Genkey. exe 到 Protel 2004 的安装目录"C：\ Program Files \ Altium2004 SP2"。

（2）单击运行 Protel 2004_ SP2-SP4_ Genkey. exe，出现注册界面，稍后会出现注册成功界面。

（3）注册成功后，可以从 Start 栏启动 Protel DXP。这样就可以使用软件进行设计了。

（4）汉化。启动 Protel DXP 后，单击（也就是靠近 File）最左边的 DXP 弹出下拉菜单，选择第二项（Preferences），然后出现选项界面（General），勾选在 Localization 下面的框，会弹出一个对话框，单击 Ok，关闭，然后重启软件。这样就完成了软件的汉化。

任务3　设置 Protel DXP 的系统参数

1.3.1　Protel DXP 2004 的主界面介绍

Protel DXP 主窗口如图 1-8 所示。

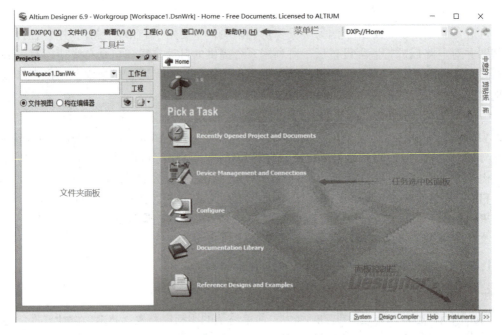

图 1-8　Protel DXP 主窗口

Protel DXP 的界面组成主要包括菜单栏、工具栏、文件夹面板、面板控制栏和任务选择区面板，下面分别进行介绍。

一、菜单栏

如图 1-9 所示，菜单栏中包括用户配置按钮和 5 个菜单选项，它们的作用各不相同。下面进行分述。

图 1-9　主窗口菜单栏

1. 按钮

单击该按钮，将弹出如图 1-10 所示的菜单选项，在该菜单选项中用户可以定义界面内容，也可以查看当前系统的信息。该菜单提供的功能大部分是为高级用户所设定的，这里只做简略介绍。

● 用户自定义菜单选项：帮助用户自定义界面，单击该菜单选项，将弹出如图 1-11 所示对话框。该对话框中有两个选项卡，通过设置这两个选项卡可以自定义界面。因为 Protel DXP 的默认页面设置已经比较完善了，一般情况下将不对工作窗口做更改。

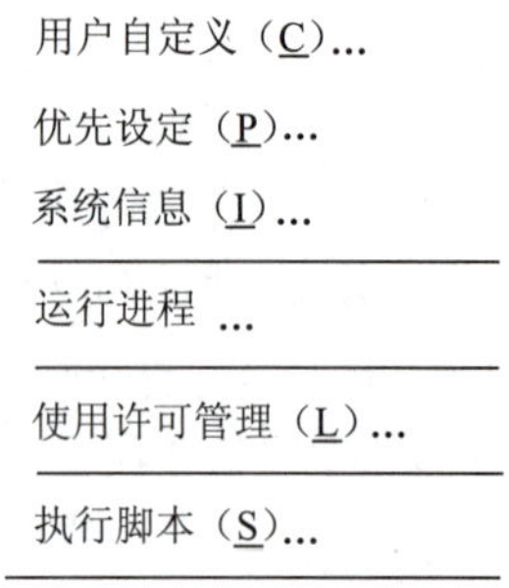

用户自定义（C）...

优先设定（P）...

系统信息（I）...

运行进程 ...

使用许可管理（L）...

执行脚本（S）...

图 1-10　用户配置按钮菜单

图1-11 用户自定义界面

• 优先设定菜单选项：帮助用户定义系统工作状态，单击该菜单选项，将弹出如图1-12所示对话框。在该对话框中有5个选项卡，通过设置这些选项卡可以设置 Protel DXP 的工作状态。

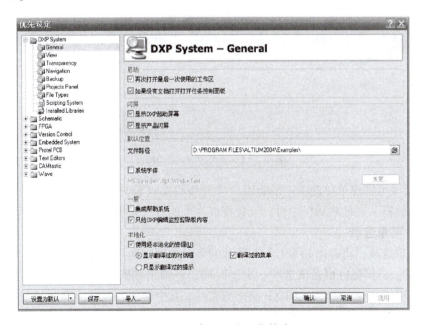

图1-12 定义系统工作状态

● 系统信息菜单选项：显示当前 Protel DXP 的系统信息，单击该菜单选项，将弹出如图 1-13 所示的对话框。该对话框列出了所有 Protel DXP 的功能模块和它们的当前状态。

图 1-13　系统状态信息卡

● 运行进程菜单选项：给出了命令行式的启动进程方式，单击该菜单选项，将弹出如图 1-14 所示的对话框。在该对话框中可以填写命令的参数。

图 1-14　运行进程对话框

● 使用许可管理菜单选项：帮助用户进行授权协议管理，单击该菜单选项，将弹出授权管理对话框。在该对话框中可以设置授权许可的方式和授权许可的数目等。

2. 文件菜单选项

单击菜单选项，将弹出如图 1-15 所示的菜单选项。其各项功能如下。

● 创建：将鼠标停留在该选项一小段时间，将弹出如图 1-16 所示的下一级菜单选项，在这里可以新建各种 Protel DXP 支持的文件。其中常用的包括原理图、PCB 文件、原理图库文件、PCB 库文件和 PCB 项目。

图1-15 文件菜单

图1-16 创建子菜单

- 打开：该菜单选项可以打开 Protel DXP 支持的所有文件。
- 保存项目、另存项目为、保存设计工作区、另存设计工作区为、全部保存：这些菜单选项分别表示保存当前项目、另存当前项目为、保存设计工作区、另存设计工作区为和保存目前所有的编辑对象。
- 打开项目：该菜单选项可以打开已经建立的项目。
- 打开设计工作区、另存设计工作区：这另存菜单选项保证多个用户同时设计一个项目的准确性。
- 最近使用的文档、最近使用的项目、最近使用的工作区：这些菜单选项中保留了用户最近编辑过的文件和项目，通过这些菜单选项，用户可以迅速打开最近的设计项目。
- 退出：该菜单选项可以使用户退出 Protel DXP 的程序。

二、工具栏

工具栏中放置着各种按钮，用于快捷地执行各种命令，如图1-17所示。

图1-17 工具栏

在没有打开各种编辑器时，工具栏中只有"主工具"按钮。其功能具体如下：

- ：单击后将显示文件面板，可在该面板中选择打开或新建工程和文件。

13

- : 打开一个已有的文件。
- : 打开器件视图页面。
- : 打开 Protel DXP 帮助向导。

三、文件夹面板

Protel DXP 启动时，自动激活了文件夹面板，如图 1 – 18 所示。该面板提供的操作分为以下 5 栏。

图 1 –18　文件夹面板

- 打开文档：打开 Protel DXP 支持的单个文件。
- 打开项目：打开项目文件。
- 新建：新建单个文件或项目文件。
- 根据存在文件新建：在已有文件中新建文件。
- 根据模板新建：在模板中新建文件。

通过文件夹面板，用户可以很方便地新建或打开各种文件和项目。每一栏的意义都相当明显，读者可以练习文件夹面板的使用。

四、面板控制栏

面板控制栏主要实现对整个操作面板的控制与调整，它包括文件、导航、元件库、项目、帮助选项菜单，其外观如图 1-19 所示。下面对面板控制栏所包含的菜单内容进行简单介绍。

图 1-19 面板控制栏

1. Files 与 Projects 按钮

两个按钮与工作区面板底部的面板转换标签的功能相同。工作区面板底部的面板转换标签如图 1-20 所示。

图 1-20 工作区面板底部的面板转换标签

Files、Projects 两个按钮用于改变工作区面板，图 1-21 为工作区面板在 Files 状态下，图 1-22 为工作区面板在 Projects 状态下。

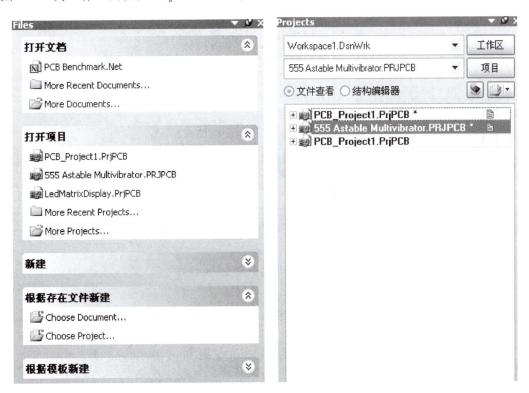

图 1-21 工作区面板在 Files 状态   图 1-22 工作区面板在 Projects 状态

2. 元件库（Libraries）按钮

Libraries 按钮用来计划元件库操作栏，在图 1-23 的右侧为被激活的元件库操作栏。

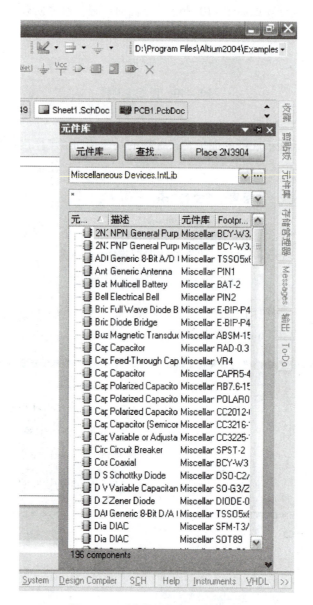

图 1 –23　被激活的元件库操作栏

3. Messages 按钮

该按钮用于显示通信信息，单击 Messages 按钮，将会出现通信信息显示栏，如图 1 –24所示。

在通信信息显示栏中，会显示出信息的 Class（级别）、Document（文本）、Source（来源）、Message（信息）、Time（时间）、Date（日期）、No（编号）。

4. Help 按钮

Help 按钮主要为用户提供帮助，单击 Help 按钮就会出现一个帮助指导面板，如图 1 –25所示。

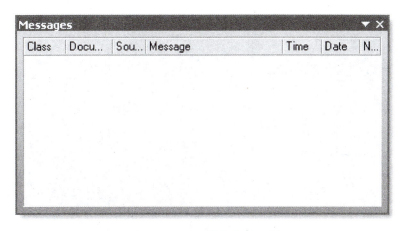

图1-24 通信信息显示栏

图1-25 帮助指导面板

五、任务选择区面板

Protel DXP集成操作环境下，在任务选择区（如图1-26所示）排列了很多图标，这些图标所代表的含义如下所示。

1.3.2 系统参数设置

要设置Protel DXP的系统参数，可单击操作左上角的标志，然后从弹出的下拉菜单中选择优先设定，如图1-27所示，此时系统打开如图1-28所示对话框。

该对话框中包含了General、View等几个选项卡，这些选项卡的含义如下所述：

1. General（通用）选项卡

在启动选项区中，通过选中或取消"再次打开最后一次使用的工作区"复选框，可设置是否在每次启动Protel DXP时自动打开上次编辑操作的最后一个工程。

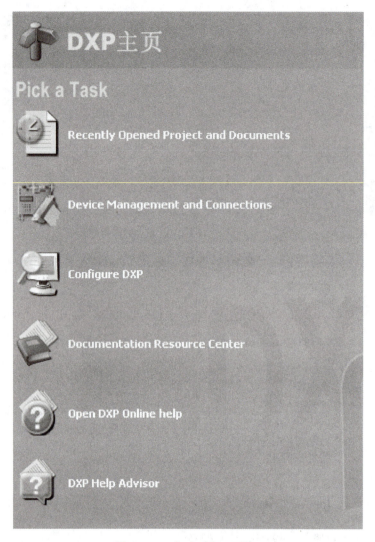

图 1-26　任务选择区图标

- Pick a Task 任务选择栏

-  最近打开的项目、最近打开的文档

- Open DXP Online help Protel DXP 联机帮助

- DXP Help Advisor Protel DXP 帮助指导

- Device Management and Connections 设备管理和链接

- 配置 DXP

- 文档资源中心

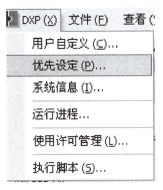

图1-27　参数设置子菜单

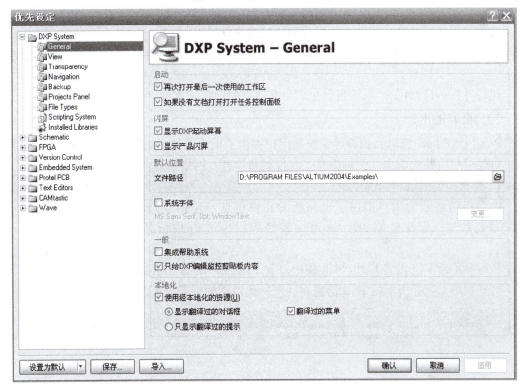

图1-28　优先设定对话框

在闪屏选项区中，通过选中或取消"显示 DXP 起动屏幕"复选框，可决定是否每次起动 Protel DXP 都显示其标志屏幕；通过选中或取消选择"显示产品闪屏"复选框，可决定是否在每次加载服务程序时都在操作窗口左下角显示其标志屏幕。

2. View（视图）选项卡

View 选项卡中，通过选中或取消选择"自动保存桌面"复选框，可设置是否在每次退出 Protel DXP 时自动保存当时的桌面设置（如各面板和工具栏的可见性，各应用窗口的尺寸和位置）。在弹出面板选项区中，通过移动弹出延迟滑块可设置弹出面板时的延迟时间，通过移动隐藏滑块可设置隐藏面板时的延迟时间，通过选中或取消"使用动画"复选框可设置是否在弹出或隐藏面板时使用动画以及动画的速度。

Backup 选项卡中，在自动保存选项区中可设置是否自动保存文件，以及自动保存文件的间隔时间、保存文件的版本数量和路径。

Transparency 选项卡可在执行某项交互操作时，是将否位于编辑区上方的浮动工具栏和窗口设置为呈透明状态。

任务4 Protel DXP 2004 文件的导入与输出

1.4.1 文件的导出

一、网络表的创建

在创建网络表之前，首先应该进行简单的选项设置。

执行菜单命令【设计】/【设计项目的网络表】，系统弹出项目网络表的格式选择菜单。

执行【Protel】命令，系统自动生成当前项目的网络表文件"××. Net"。

二、报表输出

Protel DXP 的印制电路板设计系统为用户提供了生成各种报表的功能，通过这些报表，用户可以了解电路板信息、引脚信息、元件封装信息、网络信息和布线信息。

1. 查看和创建电路板信息表

电路板信息表为用户提供了电路板的完整信息，包括电路板尺寸，电路板上的焊盘、过孔数量，以及电路板上的元件编号等。生成电路板信息表的具体操作步骤如下：

执行菜单命令【报告】/【PCB 板信息】（Reports/Board Information），如图 1–29 所示，打开如图 1–30 所示的 PCB 信息对话框，此对话框中有 3 个选项卡。

图 1–29 创建电路板信息表

图 1-30　PCB 信息对话框

在任一选项卡中单击 报告... 按钮，系统都会弹出如图 1-31 所示的电路板报告对话框，用户可以在此选中需要产生的报表。此外，在此对话框中单击 全选择 按钮可选中所有项目，单击 全取消 按钮可不选择任何项目。如果选中□只有选定的对象(S)复选框，表示只创建有关选中对象的信息报表。

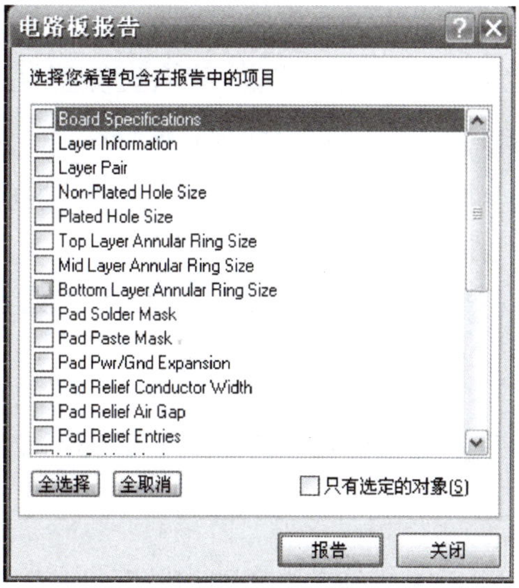

图 1-31　电路板报告对话框

在此对话框中单击 "报告" 按钮，系统会根据用户的设置生成相应的报表文件，且文件以 .REP 为扩展名。

2. 查看和打印材料清单与元件交叉参考

元件报表主要用来列出当前项目中所有元件的标识、封装形式、库参考等，相当于一份元件清单。生成元件表的具体操作如下：

打开项目中任一电路文件。

执行菜单命令【报告】／【Bill of Materials】，则系统弹出相应的元件报告对话框如图 1-32 所示。在此可以对要创建的元件报表进行选项设置。

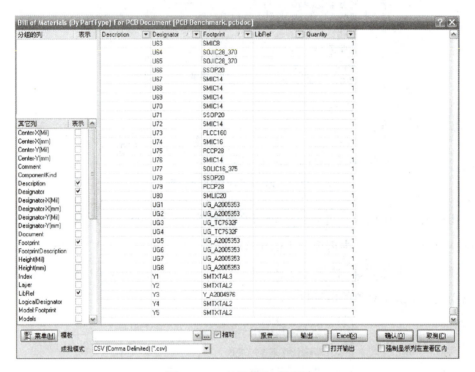

图 1-32　元件报告对话框

单击元件报告对话框中的"报告"按钮，弹出报告预览对话框，如图 1-33 所示。

单击对话框中"打印"按钮，可以打印该报表文件；单击"打开报告"按钮能够打开该文件；单击"导出"按钮，则可以导出元件报表；单击"关闭"按钮可以关闭该对话框。

三、PCB 打印输出

Protel DXP 2004 生成 Gerber 文件和钻孔文件的一般步骤：（这里针对的是一般情况下没有盲孔的板子）

1. 生成 Gerber Files

打开 PCB 文件，在 DXP 2004 中选择菜单 File-Fabrication Outputs-Gerber Files，进入生成 Gerber 文件的设置对话框。

● 单位选择英寸，格式选择 2:5。这样支持的精度会高一些（这些也可以先跟制板厂联系确认）。

● 在 Layers 中，选中 "Include unconnected mid-layer pads"，同时 Plot Layers 选择 All Used，Mirror Layers 全都不选，然后在右侧选中相关的机械层。

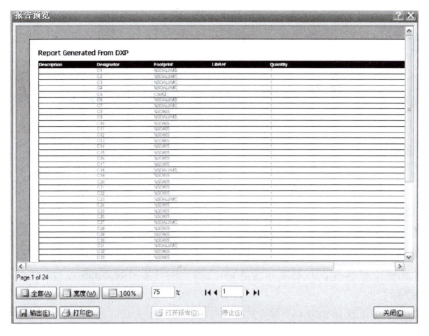

图1-33 报告预览对话框

- Drill Drawing 中什么都不选，保持默认即可。

- 在 Apertures 中，选择 Embedded apertures（RS274X）。

- Advanced 中，其余项都保持默认，主要是选择 "Suppress leading zeroes"（此项也可与制板厂联系确认）

- 单击确认，会自动生成 Gerber 文件，同时生成一个 cam 文件，此文件可以不保存，因为我们要交给制板厂的文件已经在项目的目录里面建了个子目录叫做 "Project Outputs for ×××"，各个层的 Gerber 都存在里面了。

2. 生成 NC Drill Files

同样，在 DXP 2004 中执行菜单命令【File】/【Fabrication Outputs】/【NC Drill Files】，进入生成 NC Drill 文件的设置对话框，此处的选择要跟前面 Gerber 文件中的保持一致：单位选择英寸，格式选择 2:5 – Suppress leading zeroes，其他选项保持默认，单击 OK。确认一下随后弹出的钻孔数据对话框，然后就会自动生成 NC Drill Files 了。同样的，生成的文件会在子目录 "Project Outputs for ×××" 里，而 cam 文件可以不用保存。

实践练习

1. 上机练习 Protel DXP 2004 的安装、配置与更新。

2. 练习建立一个 PCB 工程项目，在其中创建一个原理图文件和 PCB 文件，并将所有文件保存到用户工作目录中。

3. 练习打开自己创建的 PCB 工程项目，并向其中添加设计文档、删除工程中的文件。

项目二

串联稳压电源 PCB 板的设计

【项目说明】

某高校电子实训室要求制作一批串联稳压电源的 PCB 板，请模仿 PCB 板设计人员，为该实训室设计串联稳压电源的 PCB 板。

【任务要求】

（1）用 Protel 绘制出电路原理图；

（2）根据行业规范，设计单面 PCB 板，PCB 尺寸为：100mm×100mm 内，在 PCB 板的四个角设置四个螺丝孔，孔的直径为 3mm，孔中心距离各边 5mm。

【学习目标】

（1）掌握 Protel 软件环境；

（2）掌握一般电路原理图的绘制；

（3）理解单面 PCB 板的设计；

（4）掌握 PCB 板相关文档的报表。

【能力目标】

（1）能够正确使用 Protel DXP 2004 软件（耐心踏实）；

（2）能够创建元件符号及绘制一般电路原理图（崇技尚道）；

（3）能够创建元件封装及绘制单面 PCB 板（细致严谨）；

（4）能够导入及输出相关报表与文档（诚实守信）。

通过完成本项目的任务，让学生入门，为后续学习 PCB 的设计操作技能和从事 PCB 板设计与制作岗位工作做准备。

任务 1　原理图环境设置

熟悉绘制原理图环境的设置，为原理图设计做好准备。

2.1.1　创建项目工程和原理图文档

步骤 1：创建项目工程文件

执行菜单命令【文件（File）】/【创建（New）】/【项目（Project）】/【PCB 项目（PCB Project）】，新建一个 PCB 工程文件（＊. PrjPCB）。如图 2-1 所示。

步骤 2：保存 PCB 项目

执行菜单命令【文件（File）】/【保存项目】或者【文件】/【另存项目为】，弹出保存项目对话框。选择保存路径、保存的项目文件名、保存类型（＊. PrjPCB）。单击【保存】，保存好当前 PCB 项目。下次编辑此项目时，可以用打开命令来打开此项目。如图 2-2 所示。

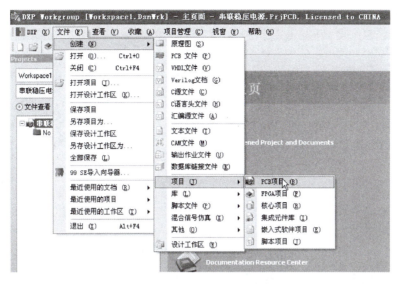

图 2-1 创建项目工程文件

图 2-2 保存项目对话框

步骤 3：新建一个原理图文件

执行菜单命令【文件】/【创建】/【原理图】，创建一个名为"Sheet1. SchDoc"的原理图文件。

步骤 4：保存原理图文件

执行菜单命令【文件（File）】/【保存】或者【文件】/【另存为】，弹出保存对话框。选择保存路径、保存的原理图文件名、保存类型（＊.SchDoc）。单击【保存】，保存好当前原理图文件。

创建好的 PCB 工程和原理图文档如图 2-3 所示。

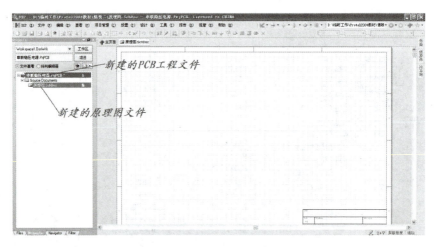

图2-3　PCB工程和原理图文档

2.1.2　原理图图纸属性设置

原理图要绘制在图纸上，图纸的大小一定要和电路图相匹配。图纸过大，不容易从整体把握设计；图纸过小，容易使元器件过于紧凑，布线过密，使走线不便。此外，图纸的栅格、捕获栅格等对于原理图的设计也很重要。

一、设置图纸样式方法

执行菜单命令【设计】/【文档选项】，打开文档选项对话框（如图2-4所示），对图纸选型、参数、单位等三个选项卡的属性设置后，单击【确认】即完成原理图文档的纸样设置。

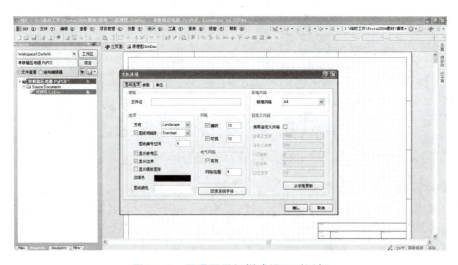

图2-4　原理图图纸样式设置对话框

二、常用设置内容

1. 图纸规格设置

图纸规格设置有两种方式：标准风格（Standard Style）和自定义风格（Custom Style）。
标准风格：按照上面方法打开图纸选项设置对话框，在标准风格下拉选择框中选择所需的图纸即可。

自定义风格：勾选"使用自定义风格"的复选框，可以设置图纸的宽度、高度、X区域数、Y区域数、边沿宽度等属性。X、Y区域数是指在X和Y方向图纸分成几个区域，X方向用阿拉伯数字序号标注，Y方向用大写字母序号标注。

2. 图纸选项设置

图纸选项包括图纸方向、颜色、标题栏、边框的显示等，在原理图图纸样式设置对话框中进行设置。

图纸方向设置，单击方向右边的下拉按钮，选择图纸方向。Landscape表示水平方向，Portrait表示垂直方向。

图纸颜色设置，包括边框颜色（Border Color）和图纸颜色（Sheet Color）两项，设置方法相同，单击右边的颜色框，弹出颜色选择对话框，选择合适颜色。有基本（Basic）、标准（Standard）、自定义（Custom）三种选择颜色的方法。

图纸标题栏设置，在标题栏（Title Block）右侧，单击下拉按钮选择标题栏模式，有标准模式（Standard）、美国国家标准协会模式（ANSI）两种模式。此外，显示模板图形复选框用于设置是否显示模板图形的标题栏。

图纸边框设置，"显示参考边"复选框、"显示图纸边界"复选框用来设置是否显示参考边和图纸的边界。

3. 图纸栅格设置

图纸的栅格设置在原理图图纸样式设置对话框的网格（Grids）分组框内进行，包括捕获栅格（Sanp）和可视栅格（Visible）两个选项，勾选有效，其右侧的文本框中可以输入要设定的栅格大小。捕获栅格是图纸上元器件移动的最小距离，可视栅格是图纸上显示的栅格距离。

4. 自动捕获电气节点设置

自动捕获电气节点设置在电气网格（Electrical Grid）分组框内进行，勾选有效。有效时，系统在放置导线时以光标为中心，以设定值为半径，向周围搜索电气节点，光标会自动移到最近的电气节点上，应当注意，要准确捕获电气节点，自动寻找电气节点的半径应比捕获栅格值略小。

5. 图纸设计信息设置

单击原理图图纸样式设置对话框中"参数（Parameters）"选项卡，可打开图纸设计信息设置对话框。可在数值（Value）区域的文本框中填写参数，或单击【编辑（Edit）】在分组框中选择相应的参数，然后单击【确认】按钮确定。

6. 单位设置

单击原理图图纸样式设置对话框中"单位（Units）"选项卡，可打开单位设置对话框，可以选择"英制单位系统"或"公制单位系统"。

2.1.3　案例：创建"串联稳压电源"设计数据库，设置原理图环境

1. 设置要求

设置图纸大小为A4，水平放置，工作区颜色设为233号，边框颜色为63号；设置捕捉栅格为5mil，可视栅格为8mil，字号为8，其他设为默认值。

2. 设置步骤

（1）执行菜单命令【设计】/【文档选项】，弹出如图2-5所示文档选项对话框，在图纸选项中设置图纸大小、工作区颜色、边缘色、捕获栅格、可视栅格、字号等参数。

图2-5　文档选项对话框

3. 完成后效果如图2-6所示。

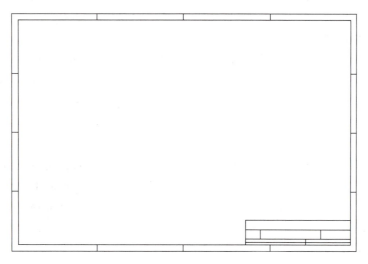

图2-6　原理图设置效果图

2.1.4　技能训练：(职业技能鉴定考点一)

【操作要求】

（1）图纸设置：在考生文件夹中创建新文件，命名为X1-01. sch。设置图纸大小为A4，水平放置，工作区颜色为233号色，边框颜色为63号色。

（2）栅格设置：设置捕捉栅格为5mil，可视栅格为8mil。

（3）字体设置：设置系统字体为Tahoma，字号为8，带下划线。

（4）标题栏设置：用"特殊字符串"设置制图者为Motorola，标题为"我的设计"，字体为华文行云，颜色为221号色，如图2-7所示。

（5）保存操作结果。

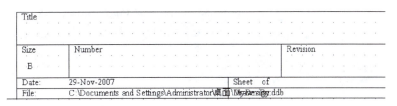

图2-7 样图

【操作提示】

（1）执行菜单命令【设计】/【文档选项】，弹出文档选项对话框，进行图纸设置、栅格设置、字体设置；

（2）在文档选项对话框中设置标题栏，在参数选项卡中设置标题栏的各参数。

任务2 原理图元件的制作

掌握原理图元件的制作方法，创建原理图元件库，添加需要的、但默认元件库中找不到的原理图元件。

Protel 2004 提供了种类丰富、数量繁多的元件库，这些元件库包括集成库、原理图库、PCB 库（封装库）。集成库是 Protel 2004 将所有的元器件以整合式元件库进行管理，也就是将原理图符号（Symbol）及其相关元件的封装（Footprint）等全部编译到一个不可编译的包中。所有模型信息都是从模型库或文件复制到集成库中，无论原始库在什么地方，所有元器件信息都存储在一起，这样使集成库可以随意移动。用户在设计原理图或者在制作 PCB 时，就能很方便地调用某个元器件的全部信息。

原理图元件库是在绘制原理图时表达设计的一种元件符号库，其文件扩展名为".SchLib"。在 Protel 2004 中没有自带单独的原理图元件库，它的原理图元件符号都存在集成库中。PCB 元件库是用于定义元件引脚分布信息的库，其文件扩展名为".PcbLib"，Protel 2004 自带的 PCB 库位于其安装目录下，通常其默认安装路径为"C：\ Program Files \ Altium 2004 \ Library"。

在实际电路原理图的设计绘制过程中，由于电子技术的发展，会不断出现新的元器件，而这些新的元器件在 Protel 2004 提供的集合元器件库中根本不存在，其对应的封装也不存在。因此，就需要用户在绘制原理图或 PCB 前，先绘制对应元件库中不存在的原理图元件或封装。

2.2.1 原理图元件制作方法与步骤

以新建数码管元件为例说明原理图元件的制作方法和步骤。

步骤1：启动元件库编辑器

启动 Protel 2004 后，执行菜单命令【文件】/【创建】/【库】/【原理图库】，在项目文件下新建一个默认文件名为 Schlib1. Schlib 的原理图库文件，并自动进入原理图元件库编辑窗口，如图2－8所示。

图2-8　原理图元件库编辑窗口

原理图元件库编辑器与原理图设计器编辑界面类似，主要由菜单栏、元件管理器、主工具栏、常用工具栏、元件编辑区等组成。在编辑区有一个直角坐标轴，将其划分为四个象限，一般在第四象限进行原理图元件的绘制。

步骤2：打开库编辑面板

单击面板中的【Library Editer】选项卡，打开库编辑面板，如图2-9所示，此时可以看到元件列表栏【Components】下已经有了一个默认元件名为COMPONENT_1的元件。

步骤3：保存原理图库文件

单击工具栏中的保存文件按钮，在弹出的文件保存对话框中确定保存路径和文件名，如保存为"我的原理图库.SchLib"。

步骤4：绘制原理图元件

（1）绘制矩形框。执行菜单命令【放置】/【矩形】，如图2-9所示。根据元件管脚多少，在图纸的中心的第四象限内，绘制一个合适大小的矩形。

绘图工具如图2-10所示，有IEEE符号、引脚、圆弧、椭圆弧、椭圆、饼图、直线、矩形、圆边矩形、多边形、贝塞尔曲线、文本字符串等，还可以放置图形。

（2）绘制数码管的笔段。执行菜单命令【放置】/【多边形】，按下键盘上的【Tab】键，弹出多边形属性对话框，如图2-11所示。

单击【填充色（Fill Color）】填充颜色框，将弹出如图2-12所示的选择颜色对话框，选择红色后单击【确认】按钮完成颜色修改。同样的设置方法可以将【边缘色（Border Color）】边框颜色也修改为红色。勾选"画实心"复选框，不选"透明"复选框，边缘宽设置为Large。

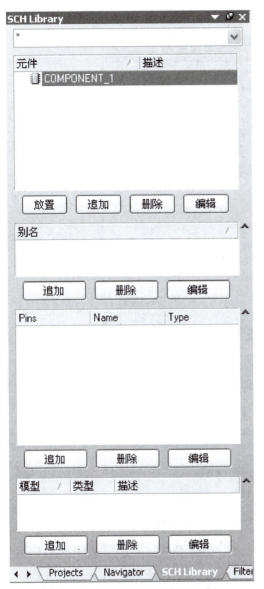

图2-9　原理图元件库编辑面板

图2-10　绘制矩形菜单命令

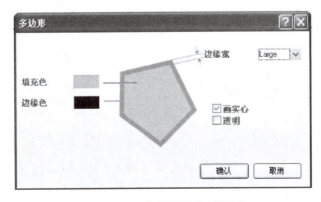

图2-11　多边形属性对话框

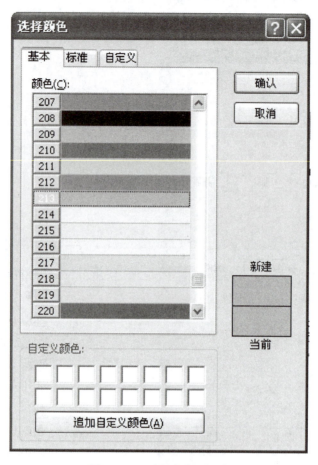

图2-12　选择颜色对话框

按【Page Up】键放大图纸,按图2-13所示的顺序绘制多边形边框作为数码管的笔段。选中刚绘制的多边形,采取按【Ctrl+C】复制,【Ctrl+V】粘贴的办法绘制数码管的其他段,如图2-14所示。注意:复制时一定对准笔段的中心点。

图2-13　绘制笔段的顺序

图2-14　笔段绘制完后的效果图

(3)绘制数码管的小数点。执行菜单命令【放置】/【椭圆】,按照图2-15所示的步骤绘制小圆点。

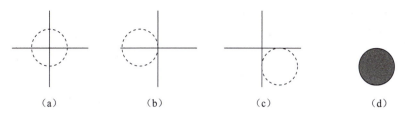

图2-15 绘制小圆点
(a) 确定圆心; (b) 确定 X 轴半径; (c) 确定 Y 轴半径; (d) 绘制完成

(4) 添加元器件管脚。执行菜单命令【放置】/【引脚】, 按下【Tab】键弹出引脚属性对话框, 如图2-16所示, 设置引脚属性。引脚的主要属性有:

图2-16 引脚属性设置对话框

【显示名称 (Display Name)】一般以字母表示该引脚的作用。勾选其后的"可视"复选框将其在图纸上显示出来, 不勾选不显示。

【标识符 (Designator)】一般以数字表示实际元件的管脚号。勾选其后的"可视"复选框将其在图纸上显示出来, 不勾选不显示。

33

【电气类型（Electrical）】可以根据实际元件管脚在下拉列表框中进行设置。常用的设置有：Input——输入；IO——双向；Output——输出；Power——接电源；Passive——接地等。如果用户不能确定的话，也可不设置，不影响后面PCB板的制作。

符号（Symbols）栏设置管脚的各种附带符号，以表示数字电路元件引脚的输入信号类型等。例：要设置该引脚为时钟引脚且低电平有效，可在【内部边沿】中选【Clock】表示该引脚为时钟，而在【外部边沿】中选【Dot】表示该引脚低电平有效，则在引脚预览图片框中出现相应的符号，如图2-17所示。

【引脚长度（Length）】设置引脚的长度。

【隐藏（Hidden）】如果是数字集成块的电源和接地管脚，可以选中该复选框将其隐藏起来，从而在图纸上不显示该引脚。因为默认情况下，数字集成块的左上角管脚接电源VCC，右下角管脚接地GND。

管脚属性设置好后，单击【确认】按钮，此时光标变为十字形，且在光标下带出设置好的引脚，如图2-17所示，可以单击鼠标左键放置该引脚，注意放置时管脚的方向，确保电气节点朝向元件外部，以便于原理图中该引脚连线。

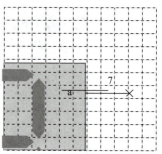

图2-17　引脚放置图

按照上面的方法，依次放好数码管的各引脚。

步骤5：重命名元件

元件绘制完成后，单击库编辑面板中的【编辑（Edit）】按钮，弹出如图2-18所示的元件属性对话框。【库参考（Library Ref）】栏：显示原理图元件的名称；【Designator】栏：显示元件编号。

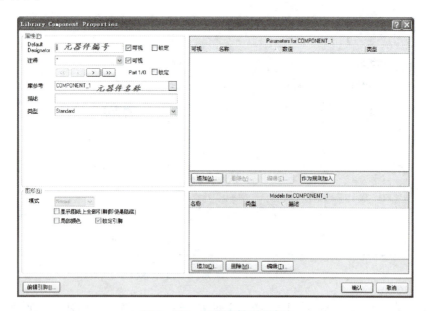

图2-18　元件属性对话框

经过以上5个步骤，完成了一个元器件的创建。如果还有多个元件要创建，则单击【追加（Add）】按钮，用同样的方法新增元件符号。

（1）如果要绘制很小的图形，可以修改光标的移动步距。执行菜单命令【查看（View）】/【网格（Grids）】/【设定捕获网格（Set Snap Grid）】，弹出如图 2-19 所示的光标移动步距设置对话框，设置绘图时光标移动的最小步距，以绘制更小的图形。

图 2-19 光标移动步距设置对话框

（2）如果 Protel DXP 元件库中虽然有该类型的原理图元件，可原理图符号和实际需要之间存在一定差异。方法一：该情况可以采用创建原理图元件的方法重新创建，但需要花费一定的时间，特别是对于引脚较多的元件。方法二：编辑该原理图元件。注意：如果直接在元件库中编辑修改，可能破坏原元件库，同时下次可能又要使用该元件未编辑前的原理图符号，所以最好将原元件复制，再进行编辑修改，这样既不破坏元件库，又保存了原元件。

例：复制修改 NPN 型三极管，如图 2-20 所示。

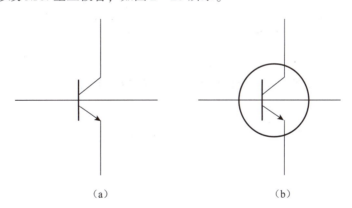

（a）　　　　　　　　　　　　（b）

图 2-20 复制修改的 NPN 型三极管原理图符号
（a）原三极管原理图符号；（b）需要的三极管原理图符号

- 打开原元件库 *：\ Program Files \ Altium \ Library \ Miscellaneous Devices. IntLib，如图 2-21 所示。
- 找到 NPN 型三极管，并选择、复制原理图符号。
- 在自制"我的元件库"中，如打开创建的"我的原理图库 . SchLib"，单击新建元件按钮，弹出输入新元件名对话框，如图 2-22 所示，输入新元件名称"MyNPN"，表示自制的 NPN 型三极管。

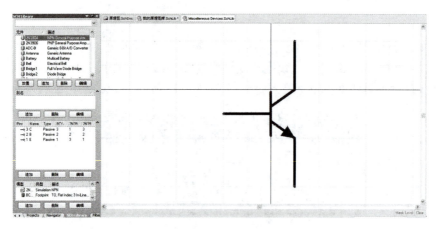

图 2-21 元件库

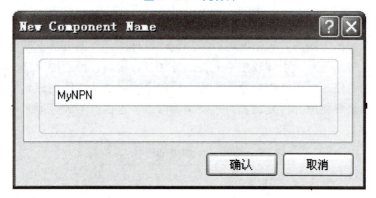

图 2-22 输入新元件名对话框

● 粘贴元件，在图纸中心的第四象限位置，按【Ctrl】+【V】粘贴原复制的三极管元件，如图 2-23 所示。

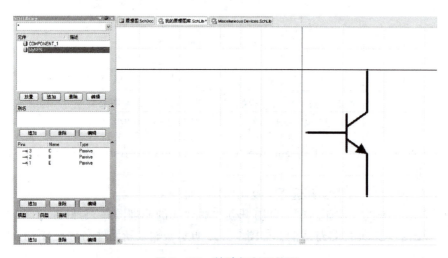

图 2-23 粘贴复制元件图

● 按照前面的方法绘制椭圆。注意属性设置，因为圆内部不需要填充，所以不选中【Draw Solid】复选框，并将【Border Width】设置为【Small】。绘制完成后，如图 2 – 24 所示。

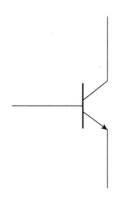

图 2 –24　绘制完成后的 NPN 型三极管原理图符号

注意：完成原元件的复制和粘贴后，最好及时将打开的原元件库关闭，如果关闭时出现是否保存修改对话框，注意在原元件库 Miscellaneous Devices. IntLib 后选【不保存（Don't save）】项，不要保存对原元件库的修改，以免破坏原元件库。

2.2.2　案例：创建"My_ Sch_ Lib"原理图元件库，添加 My_ NPN、My_ T 等新原理图元件

元件符号如图 2 –25 所示。

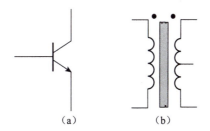

图 2 –25　元件的原理图符号
(a) My_ NPN; (b) My_ T

实施步骤：

（1）启动 Protel 2004 后，执行菜单命令【文件】/【创建】/【库】/【原理图库】，在项目文件下新建一个默认文件名为 Schlib1. SchLib 的原理图库文件，并自动进入原理图元件库编辑窗口。

（2）单击面板中的【Library Editer】选项卡，打开库编辑面板，单击工具栏中的保存文件按钮，保存原理图库文件为"My_ Sch_ Lib. SchLib"。

（3）绘制 My_ NPN 元件符号并重命名为"My_ NPN"，追加"My_ T"元件。在新建原理图元件时，可以采用技巧（2），以便快速的新建原理图符号，My_ NPN 可以从 NPN 复制，My_ T 可以从 Trans CT Ideal 复制。

（4）保存"My_ Sch_ Lib. SchLib"文件。

2.2.3　技能训练：（职业技能鉴定考点二）

【操作要求】

1. 原理图文件中的库操作

（1）在考生文件夹中新建原理图文件，命名为 X2 – 01A. sch。

（2）在 X2 – 01A. sch 文件中打开 ADM Analog, Altera Memory 和 Analog Devices 三个库文件。

（3）向原理图中添加元件 AM2942/B3A（28），EPCIPC8（8）和 AD8079ARL（8），依次命名为 IC1，IC2 和 IC3A，如图 2 – 26 所示。

（4）保存操作结果。

2. 库文件中的库操作

（1）在考生文件夹中新建库文件，命名为 X2 – 01B. lib。

（2）在 X2 – 01B. lib 库文件中建立图 2 – 27 所示的新元件。

（3）保存操作结果，元件封装命名为 X2 – 01。

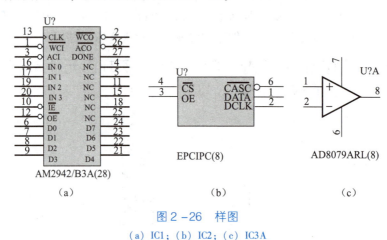

（a）　　　　　　　　　（b）　　　　　　　（c）

图 2 –26　样图

（a）IC1；（b）IC2；（c）IC3A

任务 3　"串联稳压电源" 原理图的绘制与设计

掌握一般原理图的设计方法，根据参考资料设计串联稳压电源的电路原理图。

2.3.1　原理图绘制的基本原则

（1）以模块化和信号流向为原则摆放元件，使设计的原理图便于电路功能和原理分析。

（2）同一模块中的元件尽量靠近，不同模块中的元件稍微远离。

（3）不要有过多的交叉线、过远的平行线。充分利用总线、网络标号和电路端口等电气符号，使原理图清晰明了。

2.3.2 原理图绘制的基本操作

1. 图纸操作

（1）图纸显示比例的调节

【Page Up】键：每按一次，图纸的显示比例放大一次，可以连续操作，并可在元件的放置过程中操作。

【Page Down】键：每按一次，图纸的显示比例缩小一次，可以连续操作，并可在元件的放置过程中操作。

【End】键：每按一次，图纸显示刷新一次。

【Ctrl】+【Page Down】键：两个按键同时按下，可以显示图纸上的所有图件。

（2）图纸位置的移动

如图 2 - 27 所示，X 轴和 Y 轴方向的移动滑块可以使图纸左右和上下移动。

图 2 - 27　图纸位置移动窗口

2. 放置元件

打开库文件，选择所需的元件库。例如要放置一个二极管，二极管的原理图元件位于常用元件杂项集成库 Miscellaneous Devices. IntLib 中，因此在库文件面板中选择 Miscellaneous Devices. IntLib 库。

在库文件面板中浏览原理图元件，找到二极管的原理图元件，如图 2 - 28 所示。为了加快寻找的速度，可以使用关键字过滤功能，由于二极管的原理图元件名称为 Diode，因此可以在关键字过滤栏中输入 Diode 或 Dio＊（＊为通配符，可以表示任意多个字符），即找到所有含有字符 Dio 的元件。常用元器件的关键字有：Dio——二极管；CAP——电容；RES——电阻；PNP——PNP 型三极管；NPN——NPN 型三极管。

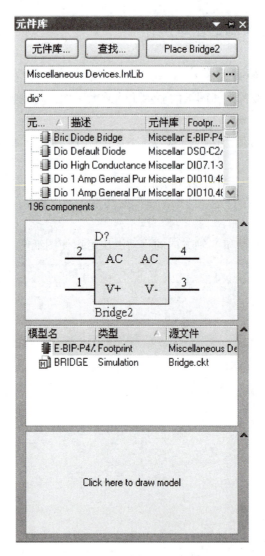

图2-28　库文件面板图

　　找到二极管元件后，双击鼠标左键或单击库文件面板中的【Place Diode】按钮，将光标移到图纸上，此时可以看到光标下已经带出了二极管原理图元件的虚影，如图2-29所示。将光标移动到合适位置，左键鼠标放置元件，如需要修改元件属性，则暂不要左键。

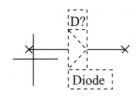

图2-29　放置二极管

3. 设置原理图元件属性

　　从原理图库中取出的原理图元件还没有输入元件编号、参数等属性，按下键盘上的

【Tab】键，将弹出元件的属性对话框设置元件属性，如图2-30所示。如果元件已经放置，则可以双击元件打开元件的属性对话框。

图2-30　元件属性对话框

一般属性有：

【标识符（Designator）】元件编号：用于图纸中唯一代表该元件的代号。它由字母和数字两部分组成，字母部分通常表示元件的类别，如电阻一般以R开头、电容以C开头、二极管以D开头、三极管以Q开头等。数字部分为元件依次出现的序号。其后的复选框"可视"用于设置元件编号在图纸中是否显示出来。

【注释（Comment）】元件型号或参数：如电阻的阻值（以Ω为单位），电容的容量（以pF和uF为单位），三极管或二极管的型号等。

【Footprint】引脚封装：该参数关系到PCB板的制作，在后面章节将会详细介绍，这里暂时不进行设置。

4. 原理图的布局调整

一张好的原理图应该布局均匀，连线清晰，模块分明，所以在元件的放置过程中或连线过程中不可避免的要对元件的方向、位置等进行调整。

（1）调整元件的方向

【空格】键：元件逆时钟方向旋转90°，并且可以连续操作。

【X】键：每按一次，元件水平方向翻转一次。

【Y】键：每按一次，元件垂直方向翻转一次。

如果元件已经放置到图纸上，要调整元件的方向和位置，必须先将光标移到要调整元件图形上，然后按住鼠标左键不放，此时元件黏附在光标下。此时如果移动鼠标，即可调整元件位置，如果同时按下【空格】、【X】、【Y】键，同样可以调整元件的方向。

（2）元件的选择

当要同时对多个元件进行调整时，必须先选中它们，然后才能对它们进行调整和编辑。

当想选中多个元件时，先将鼠标移到要选取元件的左上角，按下鼠标左键不放，此时出现十字光标，然后移动鼠标，光标下方出现矩形虚线框，继续移动鼠标，确保将所有要选取的元件包含在虚线框中，然后松开鼠标左键，此时处于虚线框中的所有元件全部处于选中状态，如图 2 – 31 所示。

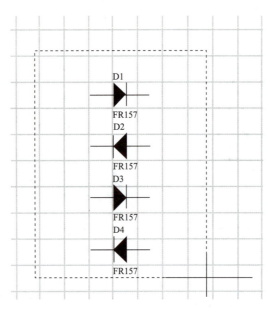

图 2 – 31　选择元件

如果一次无法选取所有对象，可以按下【Shift】键，继续增加选取对象。当只想单独选中某个元件时，可以将光标移到该元件上，单击鼠标左键即可。元件的选取实际上是为其他操作做好准备。选取元件后，就可以对其进行移动、旋转、翻转等调整，还可以进行删除、复制等编辑工作。

当选取多个元件完成调整、编辑工作后，可以单击图纸的空白处，或单击工具栏中的按钮，取消元件的选中状态。当多个元件处于选中状态时，调整、编辑过程中就可以将其当成一个元件一样来操作。例如，移动多个元件时，只需先选取多个元件，然后将光标移到处于选中状态的任何一个元件上，按照移动单个元件的方法，按下鼠标左键不放，移动鼠标即可同时移动多个元件。

5. 元件的删除

元件的删除有两种方法：一种是选取元件后，按键盘的【Delete】键，即可将选中的元件删除。另一种为执行菜单命令【编辑（Edit）】/【删除（Delete）】，将十字光标对准要删除的元件，单击鼠标左键，即可将其删除。删除该对象后，编辑器仍处于删除状态，可以继续删除其他元件，最后单击鼠标右键结束删除状态。

6. 元件的复制与粘贴

先选取要复制的元件，使其处于选中状态，然后按下【Ctrl】＋【C】键，光标变为十字形，对准处于选中状态的任意一个元件单击鼠标左键，即将选取的元件复制到剪贴板中。

按【Ctrl】+【V】键，十字光标下出现被复制的元件，将光标移到合适位置单击鼠标左键，即可完成元件的粘贴。继续按【Ctrl】+【V】键，可以继续粘贴。

7. 原理图元件的连线

将元件放置到图纸后，就要用有电气特性的导线将孤立的元件通过管脚连接起来。这就是元件的连线。

（1）如果原理图工具栏没有打开，可以执行菜单命令【查看（View）】/【工具栏（Toolbars）】/【配线（Wiring）】，将打开如图 2 –32 所示的配线工具栏。

图 2 –32 配线工具栏

（2）选择配线工具栏中的绘制导线工具，光标变为十字形，此时可以按下键盘上的【Tap】键，弹出如图 2 –33 所示的导线对话框，设置导线属性。

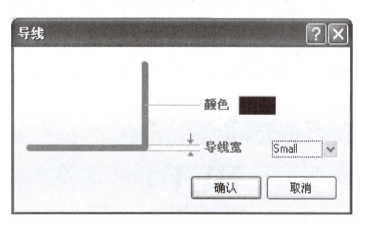

图 2 –33 导线属性设置

【导线宽（Wire Width）】设置导线宽度，有 Smallest（最小）、Small（小）、Medium（中）、Large（大）几种选项，默认为 Small。

【颜色（Color）】颜色框，在弹出的属性对话框中设置不同的颜色，设置好后，单击【确认】按钮完成设置。

（3）移动光标接近需要连接的两个引脚的第一个管脚，这时由于图纸中设置了自动搜索电气节点的功能，光标自动跳到该元件该引脚的管脚电气节点上，并出现小的十字形黑点，表示接触良好。此时单击鼠标左键，移动鼠标即可带出一段导线。移动鼠标到要拐角的地方再单击鼠标左键，继续移动鼠标绘制导线。光标接近另外一个引脚，同样由于自动搜索电气节点的功能，光标会自动跳到引脚电气节点上，此时再单击鼠标左键，将导线连到该管脚，此导线绘制已经完成，单击鼠标右键结束当前导线的绘制。

8. 放置节点

原理图中的节点表示相交的导线是连接在一起的，如图2-34所示。手动放置节点可以执行菜单命令【放置】/【手工放置节点】，移动鼠标到合适位置，单击左键即可在鼠标位置放置节点。

（a）　　　　　　　　　　　　　　　　　　（b）

图2-34　放置节点

（a）没有节点，表示二导线没连接；（b）有节点，表示二导线连接

9. 放置电源和接地符号

在配线工具栏中，选取电源和接地符号中的一个符号后（如本例中选择接地符号），移动鼠标即可看到光标下带出一个接地符号，将其移动到合适位置，单击鼠标左键即可将接地符号放置到图纸中。

修改电源（或接地符号）属性，在原理图工具栏中单击电源（或接地符号）按钮，按下键盘上的【Tab】键，将弹出如图2-35所示的电源端口（或接地符号）属性对话框，可以修改属性。

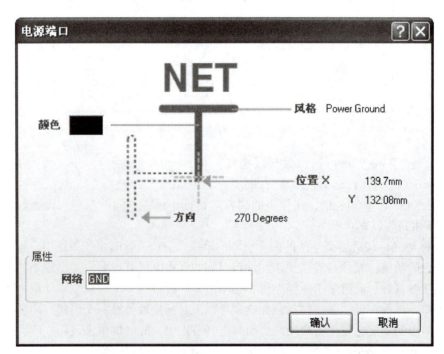

图2-35　电源端口属性设置对话框

【网络（Net）】网络属性，一般由字母和数字组成，是指电路中的电气连接关系，具有相同网络属性的导线在电气上是连接在一起的。

【风格（Style）】外形风格，设置电源和接地符号的形状，有以下七种：Circle——圆形；Arrow——箭形；Bar——T 形；Wave——波浪形；Power Ground——电源地；Signal Ground——信号地；Earth Ground——接大地。

【颜色（Color）】符号的颜色。

2.3.3 案例：绘制"串联稳压电源"原理图（如图 2 - 36 所示）

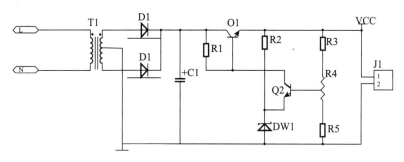

图 2 - 36 串联稳压电源原理图

【操作步骤】

（1）打开在任务 1 中已建好的"串联稳压电源 . PrjPCB"工程文件，打开已设置好图纸参数的"原理图 . SchDoc"原理图文件。

（2）放置元件 T1、D1、D2、DW1、C1、R1、R2、R3、R5、R4、Q1、Q2、J1。

（3）参照串联稳压电源原理图，调整元器件的位置。

（4）进行原理图元件的连线。

（5）放置电源和接地符号。

（6）放置端口 L 和 N。

（7）保存画好的原理图文件。

2.3.4 技能训练：（职业技能鉴定考点三）

【操作要求】

1. 绘制原理图

打开"C：\ Protel \ Unit3 \ Y3 - 01. sch"文件，按照样图（如图 2 - 37 所示）绘制原理图。

2. 编辑原理图

（1）按照样图编辑元件、连线、端口和网络等。

（2）重新设置所有元件名称，字体为方正舒体，大小为 10。

（3）重新设置所有元件类型，字体为方正舒体，大小为 9。

（4）在原理图中插入文本框，输入文本"原理图301"，字体为方正舒体，大小为 15。

（5）将操作结果保存在考生文件夹中，命名为 X3 - 01. sch。

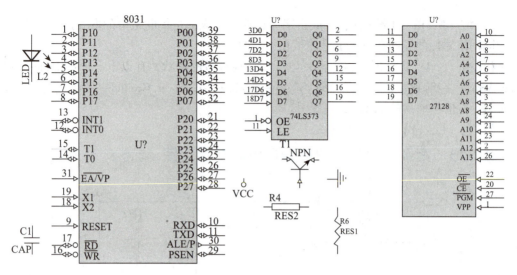

图 2 – 37　样图

任务 4　电气规则检查及生成网络表

2.4.1　原理图设计规则检查

1. 项目选项设置

执行菜单命令【项目管理（Project）】/【项目管理选项（Project Option）】，弹出如图
2 –38 所示的项目选项设置对话框，所有与项目有关的选项均可以通过这个对话框来设
置。常用的与原理图检测有关的选项有 "Error Reporting（错误报告）" "Connection Matrix
（连接矩阵）" "Comparator（比较器）" 等三项，用户一般可以采用系统的默认设置。

图 2 –38　项目选择设置对话框

2. 检查结果报告

执行菜单命令【项目管理（Project）】/【Compile Document...】（...表示打开的原理图文件名），系统对打开的原理图文件进行编译；执行菜单命令【项目管理（Project）】/【Compile PCB Project...】（...表示打开的工程项目名），系统对打开的工程项目进行编译。现在是进行原理图规则检查，执行【项目管理（Project）】/【Compile Document...】即可。系统完成原理图编译操作后，会自动生成信息报告，如果出现等级为"Error""Fatal Error"的错误，会自动弹出"Messages"面板，如图2-39所示；如果出现等级为"Warning"的错误，需要手动打开"Messages"面板，在工作面板"System"标签内。

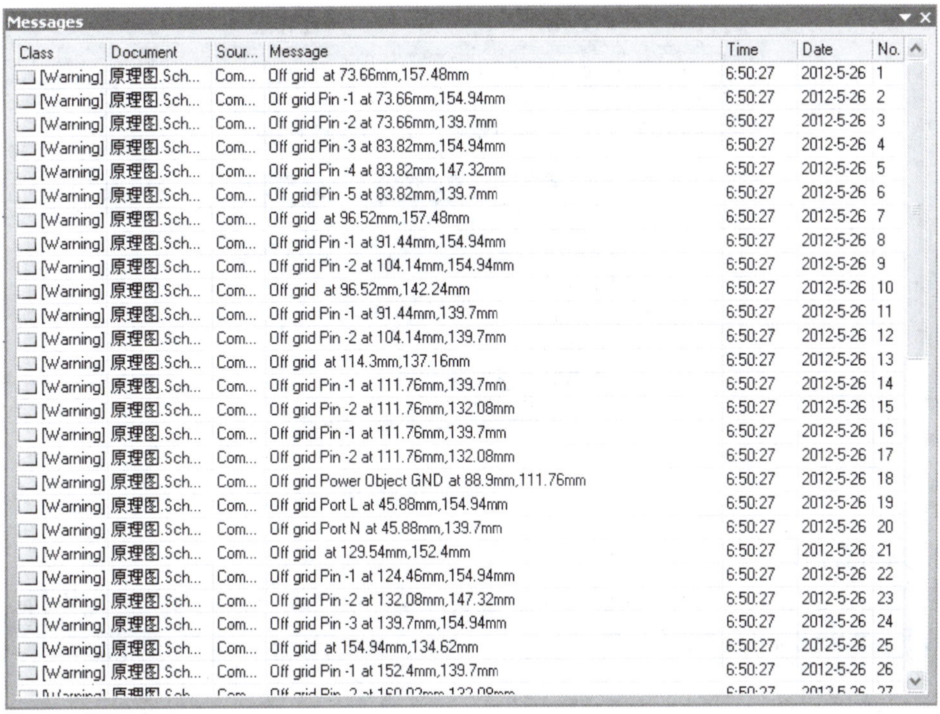

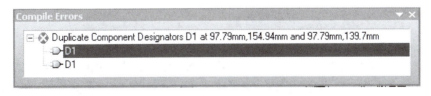

图2-39　Messages 面板

当需要进一步确认错误信息时，双击"Messages"面板中选中的条目，系统将弹出一个"Compile Errors"面板，并在原理图中高亮提示，如图2-40所示，并显示了详细的错误信息。

图2-40　Compile Errors 面板

本原理图文件中有两个错误，是由于两个二极管的标识都采用了"D1"所致，把一个修改成 D2 后，再重新检查就没有了错误。

47

2.4.2 网络表的基本操作

1. 生成网络表

执行菜单命令【设计（Design）】/【设计项目的网络表（Netlist For Project）】/【Protel】，生成整个项目的网络表。执行菜单命令【设计（Design）】/【文档的网络表（Netlist For Doc）】/【Protel】，生成当前文档的网络表。生成的网络表自动加到"Projects"面板的项目文件中，放在"Generated"文件夹中，如图2−41所示。

图2−41 Projects 面板

2. 网络表描述

网络表是电路原理图和 PCB 板之间的连接桥梁，是生成 PCB 文件的基本依据。网络表包含元件的描述和网络连接的描述。

（1）元件的描述

以"［"声明元件开始；以"］"声明元件结束。在中间包括元件的标识序号、元件的封装标识名称、元件的标称值等信息。例如：电容 C1 在网络表中的描述：

```
[              ；元件声明开始
C1             ；元件标识序号
POLAR0.8       ；元件的封装标识名称
2200uF         ；元件的标称值
]              ；元件的声明结束
```

（2）网络连接描述

以"（"声明网络定义开始；以"）"声明网络定义结束。在中间依次有：网络名称和连接到该网络节点的元件引脚标识。如：下面的"GND"节点描述，表示 C1 的第 2 引脚、DW1 的第 3 引脚、J1 的第 2 引脚、R5 的第 1 引脚、T1 的第 4 引脚，都连接到一起，接在 GND 节点上。

```
(              ；网络节点定义开始
GND            ；网络节点名称
```

```
C1 – 2                  ；元件 C1 的第 2 引脚
DW1 – 3                 ；元件 DW1 的第 3 引脚
J1 – 2                  ；元件 J1 的第 2 引脚
R5 – 1                  ；元件 R5 的第 1 引脚
T1 – 4                  ；元件 T1 的第 4 引脚
)                       ；网络节点定义结束
```

3. 生成元件清单

执行菜单命令【报告（Reports）】/【Bill of Material】，系统弹出如图 2 – 42 所示的元件清单对话框。

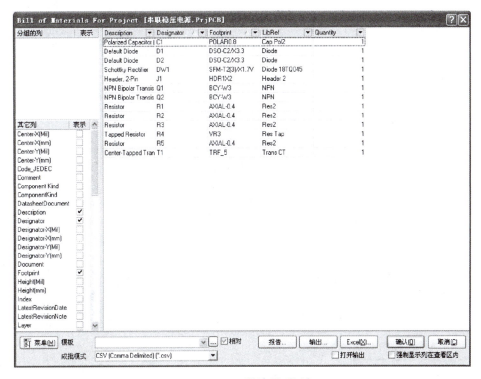

图 2 –42　元件清单对话框

若选中"其他列（Other Columns）"栏中的某一项，再选中对应的"表示（Show）"复选框，则元件对应的该项目信息将在右侧窗口中显示。上图中显示了"Description""Designator""Footprint"共 3 个选项。

选中"其他列（Other Columns）"栏中的某一项，按住鼠标左键拖动到"分组的列（Grouped Columns）"栏中，会在右侧看到，该项目各个元件被放到一行中。

单击右侧窗口中的列标题，如"Description""Designator""Footprint"中的某一项，可以使表格内容按照不同的次序排列。若单击其右边的按钮将出现下拉列表框，选中其中某一项可以显示此项的所有元件信息。

若单击【报告（Report）】按钮，则可以生成预览元件报告，如图 2 –43 所示。

图 2-43 生成元件清单预览报告

若单击【输出（Export）】按钮，则可以将元件报表导出，此时系统会弹出一个保存文件对话框，对导出的报表文件进行保存。若还选择了"打开输出（Open Exported）"复选框，则在导出的同时会打开所生成的报表文件，如图 2-44 所示为打开 Excel 类型的报表文件。

	A	B	C	D	E
1	Description	Designator	Footprint	LibRef	Quantity
2	Center-Tapped Tran	T1	TRF_5	Trans CT	1
3	Default Diode	D1	DSO-C2/X3.3	Diode	1
4	Default Diode	D2	DSO-C2/X3.3	Diode	1
5	Header, 2-Pin	J1	HDR1X2	Header 2	1
6	NPN Bipolar Transis	Q1	BCY-W3	NPN	1
7	NPN Bipolar Transis	Q2	BCY-W3	NPN	1
8	Polarized Capacitor	C1	POLAR0.8	Cap Pol2	1
9	Resistor	R1	AXIAL-0.4	Res2	1
10	Resistor	R2	AXIAL-0.4	Res2	1
11	Resistor	R3	AXIAL-0.4	Res2	1
12	Resistor	R5	AXIAL-0.4	Res2	1
13	Schottky Rectifier	DW1	SFM-T2(3)/X1.7V	Diode 18TQ045	1
14	Tapped Resistor	R4	VR3	Res Tap	1

图 2-44 打开 Excel 类型的报表文件

如果单击【菜单（Menu）】按钮，系统将弹出如图 2 - 45 所示的 "Menu" 菜单。

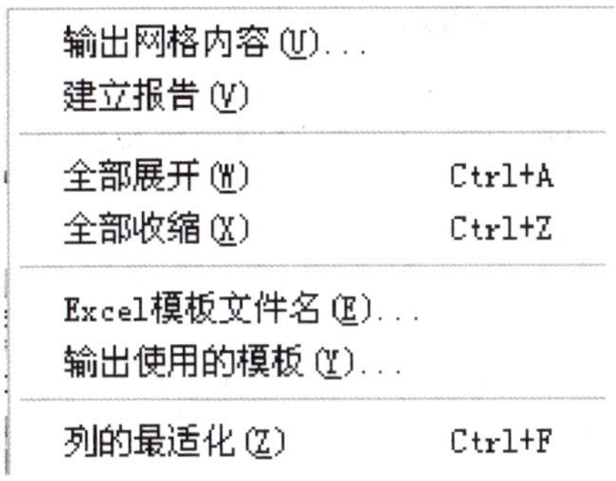

图 2 - 45 "Menu" 菜单

4. 生成其他报表

（1）元件交叉参考表

元件交叉参考表可以为多张原理图中的每一个元件列出其元件的编号和名称，以及所在的电路原理图文件等。执行菜单命令【报告（Reports）】/【Component Cross Reference】，系统会将元件按照所处的原理图进行分组显示。

（2）项目层次表

若想了解项目文件中原理图的层次关系，用户既可以通过系统面板查看，也可以通过项目层次查看。执行菜单命令【报告（Reports）】/【Report Project Hierarchy】，将生成项目层次表，项目层次表中包括本工程原理图之间的相互层次关系。

（3）简单元件清单

执行菜单命令【报告（Reports）】/【Simple BOM】，将生成如图 2 - 46 所示的简单元件清单，此方法生成的元件清单以文本方式表示，只有 ".BOM" 和 ".CSV" 两种格式。

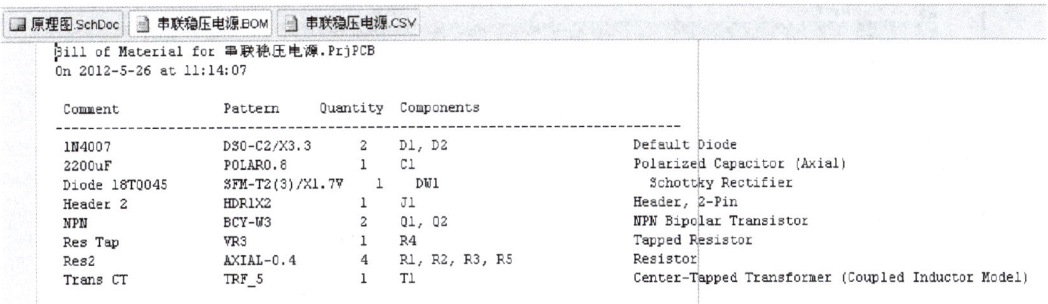

图 2 - 46 BOM 格式的简单元件清单

（4）单网名报表

执行菜单命令【报告（Reports）】/【Report Single Pin Nets】，将生成单网名报表，如图 2 - 47 所示。

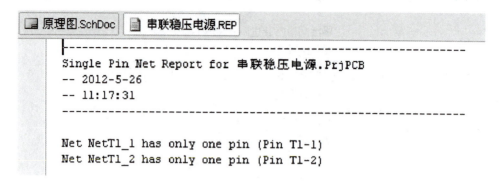

图 2 -47 单网名报表

5. 原理图的打印输出

（1）页面设置

执行菜单命令【项目管理（Project）】/【项目管理选项（Project Options）】，打开设置项目选项对话框。单击"Default Prints"选项卡，打开如图 2 - 48 所示的默认打印设置对话框。直接执行菜单命令【文件（File）】/【默认打印（Default Prints）】，也可以打开此对话框。

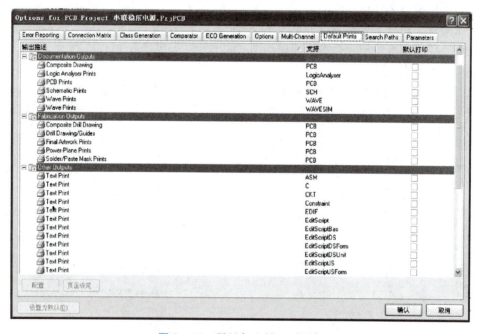

图 2 -48 默认打印设置对话框

在"Schematic Prints"栏中，选择默认打印复选框，单击【页面设定】按钮，弹出打印页面属性设置对话框。直接执行菜单命令【文件（File）】/【页面设置（Page Set）】，也可以打开此对话框，如图 2 -49 所示。

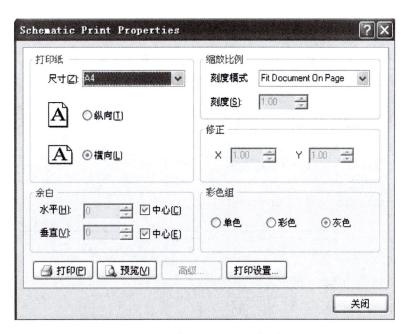

图 2 -49 打印页面设置对话框

（2）原理图打印

设置好打印页面属性后，执行菜单命令【文件（File）】/【打印（Print）】，或单击工具栏中的打印按钮，或者在上图打印页面设置对话框中单击【打印】按钮，系统都将弹出打印参数设置对话框，如图 2 -50 所示。

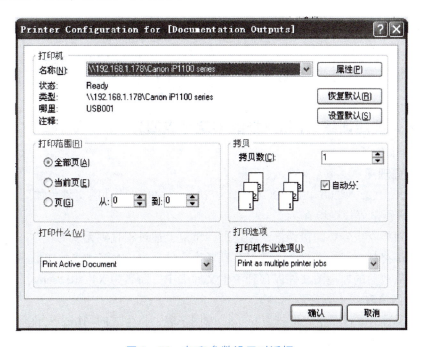

图 2 -50 打印参数设置对话框

设置好参数后，单击【确认】按钮，即可打印出原理图。

2.4.3　案例："串联稳压电源"的设计规则检查与网络表生成

要求：打开任务 3 中建立好的工程文件"串联稳压电源.PrjPCB"，为"原理图.SchDoc"文件进行设计规则检查，修正错误，并生成网络表，打印出原理图。

提示步骤：

（1）启动 Protel 2004，打开项目"串联稳压电源.PrjPCB"，打开原理图文件"原理图.SchDoc"。

（2）进行设计规则检查，并修正错误。

（3）生成网络表。

（4）打印原理图，如图 2 - 51 所示。

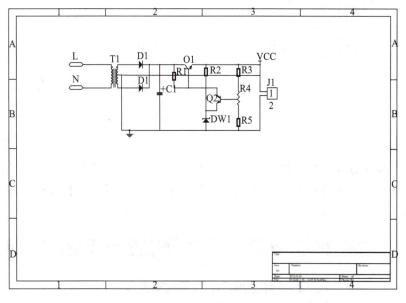

图 2 -51　打印原理图

2.4.4　技能训练：（职业技能鉴定考点四）

【操作要求】

1. 检查原理图

（1）打开"C：\ 2003Protel \ Unit4 \ Y4 - 01. sch"原理图文件，如图 2 -52所示，对该原理图进行电气规则检查。

（2）针对检查报告中的错误修改原理图，重复上述过程直到无误为止。

（3）将最终的电气规则检查文件保存到考生文件夹中，命名为 X4 - 01. erc。

（4）将修改后的原理图文件保存到考生文件夹中，命名为 X4 - 01. sch。

2. 生成网络表

依据修改后的原理图生成格式为 protel2 的网络表，将生成的网络表文件保存到考生文件夹中，命名为 X4 - 01. net。

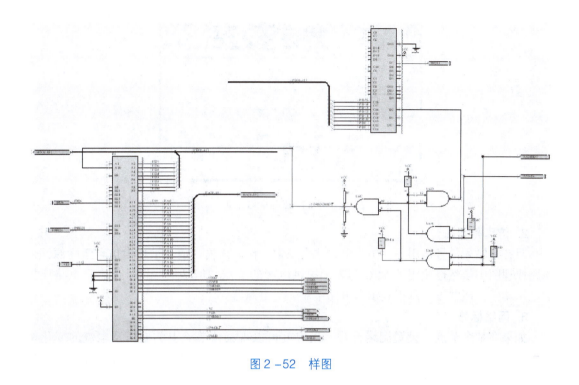

图 2-52 样图

任务5 "串联稳压电源"的电路仿真

2.5.1 仿真的基本知识

1. 仿真元件

在仿真电路中,只有具有"仿真(Simulation)"属性的元件才可以用于电路仿真,该元件也叫仿真元件,如图 2-53 所示。

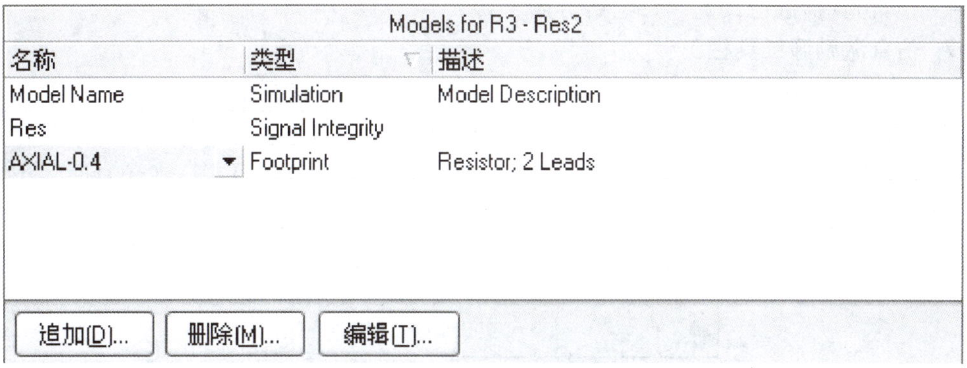

Models for R3 - Res2		
名称	类型 ▽	描述
Model Name	Simulation	Model Description
Res	Signal Integrity	
AXIAL-0.4 ▼	Footprint	Resistor; 2 Leads

| 追加(D)... | 删除(M)... | 编辑(T)... |

图 2-53 元件的仿真属性

如果仿真检查时发现有元件没有定义仿真属性,用户可在上图中单击【追加】按钮,弹出模型选择对话框(如图 2-54 所示),在模型类型中选择"Simulation"模型即可。

图 2-54 模型选择对话框

2. 仿真激励源

只有在输入信号作用下，仿真电路才会正常工作。该输入信号被称为仿真激励源，在电路原理图中虽然也使用了 VCC 等表示提供电源的节点，但是这些符号仅表示电路连接的电源端子，而并没有真正表示在电路中添加了电源器件。

3. 网络标号

如果在某个节点上设置网络标号，用户就可以观察该节点上的电压及电流的变化情况。设置网络标号可通过执行菜单命令【放置（Place）】/【网络标签（Net Label）】实现，要注意设置网络标号一定要放在元件引脚的外端点或导线上，否则该节点将不会出现在仿真分析设置对话框中的"Available Signals"列表栏中。

4. 仿真电路原理图

根据仿真元件和仿真激励源绘制的原理图就是仿真电路原理图，也是仿真的对象。

5. 仿真方式

Protel 2004 提供了多种仿真方式，用户可根据需要来选择电路的仿真方式。

6. 电路仿真的基本流程

加载仿真元件库——选择仿真元件——绘制仿真原理图——对仿真原理图进行ERC——对仿真器进行设置——电路仿真。

7. 仿真激励源工具栏

Protel 2004 为仿真提供了一个激励源工具栏，便于用户进行仿真操作。执行菜单命令【查看（View）】/【工具栏（Toolbars）】/【实用工具（Utilities）】，打开实用工具栏，然后选择激励源工具栏，即可得到如图 2-55 所示的仿真激励源工具栏，在仿真时，用户可以从中选取合适的激励源添加到仿真原理图中。

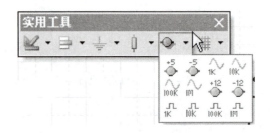

图 2-55 仿真激励源

8. 仿真元件库

Protel 2004 为用户提供了大部分常用的仿真元件，打开"C：\ Program Files \ Altium2004 \ Library \ Simulation"目录，可以见到仿真元件库。

（1）仿真数学函数元件库

仿真数学函数元件库 Simulation Math Function. IntLib 中主要是一些仿真数学函数，如求正弦、余弦、反正弦、反余弦、开方、绝对值等。用户可以使用这些函数对电路中的信号进行数学计算，从而获得需要的仿真信号。

（2）仿真信号源元件库

直流源：直流源用来为仿真电路提供不变的电压或电流激励源，直流源包含了直流电压源和直流电流源两种直流源元件。

正弦波信号源：正弦波信号源用来为仿真电路提供正弦的电压或电流激励源，正弦波信号源包含了正弦波电压源 VSIN 和正弦波电流源 ISIN 两种正弦波信号源元件。

周期脉冲源：周期脉冲源用来为仿真电路提供周期性的连续脉冲电压或电流激励源，周期脉冲源包含了周期脉冲电压源 VPULSE 和周期脉冲电流源 IPULSE 两种周期脉冲源元件。

分段线性源：分段线性源用来为仿真电路提供任意波形的电压或电流激励源，分段线性源包含了分段线性电压源 VPWL 和分段线性电流源 IPWL 两种分段线性源元件。

指数激励源：指数激励源用来为仿真电路提供上升沿或下降沿按指数规律变化的电压或电流激励源，有指数激励电压源 VEXP 和指数激励电流源 IEXP 两种。

单频调频源：单频调频源用来为仿真电路提供单频调频波的电压或电流激励源，单频调频源有电压源（VSFFM）和电流源（ISFFM）两种。

线性受控源：线性受控源有线性电压控制电流源 GSRC、线性电压控制电压源 ESRC、线性电流控制电流源 FSRC、线性电流控制电压源 HSRC 四种。

非线性受控源：非线性受控源在仿真电路中可以由用户定义的函数关系表达式产生所需的电压或电流激励源，有非线性受控电压源 BVSRC 和非线性受控电流源 BISRC 两种。

（3）仿真专用函数元件库（Simulation Special Function. IntLib）

仿真专用函数元件库中主要是一些专门为信号仿真而设计的运算函数，如增益、积分、微分、求和、电容测量、电感测量及压控振荡源等。

（4）仿真信号传输线元件库

无损耗传输线 LLTRA（Lossless Transmission Line）：是理想的双向传输线，有两个端口，其节点定义了端口的正电压极性。

有损耗传输线 LTRA（Lossy Transmission Line）：使用两端口响应模型，包含了电阻值、电感值、电容值、长度等参数，这些参数不能直接在原理图文件中设置，但用户可以创建和引用自己的模型文件。

均匀分布传输线 URC（Uniform Distributed Lossy Line）：也称为分布 RC 传输线模型，由 URC 传输线的子电路类型扩展内部产生节点的集总 RC 分段网络而获得，RC 各段在几何上是连续的，URC 必须严格地由电阻和电容段构成。

（5）常用元件库

电阻：常用元件库为用户提供了各种类型的电阻，如：半导体电阻、抽头电阻、热敏电阻、压敏电阻、定值电阻、可调电阻、电位器等。

电容：常用元件库为用户提供了定值无极性电容、定值有极性电容、半导体电容等类型的电容。

电感：常用元件库为用户提供了定值电感、可调电感、加铁芯的定值电感、加铁芯的可调电感等类型的电感。

二极管：常用元件库为用户提供了普通二极管、肖特基二极管、变容二极管、稳压二极管、发光二极管等类型的二极管。

9. 设置初始状态

（1）节点电压设置

节点电压可以在初始电压设置对话框中设置，在"Model Kind"下拉列表中选择"Initial Condition"选项，然后在"Model Sub Kind"中选择"Initial Node Voltage Guess"选项，然后单击"Parameters"选项卡进行初始电压设置。

在瞬态分析中，一旦设置了参数"Use Initial Conditions"和IC，瞬态分析就先不进行直流工作点的分析，而应在IC中设定各点的直流电压。如果瞬态分析中没有设置参数"Use Initial Conditions"，那么在瞬态分析前应先计算直流偏置（初始瞬态）值。这时IC设置中指定的节点电压仅当做求解直流工作点时相应节点的初始值。

（2）特殊元件初始状态的设置

Protel 2004在仿真信号源元件库"Simulation Sources. IntLib"中提供了两个特别的初始状态定义符。节点设置NS（Node Set）和初始条件IC（Initial Condition）。

10. 仿真器的设置

执行菜单命令【设计（Design）】/【仿真（Simulate）】/【Mixed Sim】，系统弹出仿真器分析设置对话框，如图 2 - 56 所示。

图 2 - 56　仿真器分析设置对话框

在对话框左边的"Analysis/Options"列表框中的项目为仿真分析类别，"Available Signals"列表框中显示的是可以进行仿真分析的信号，"Active Signals"列表框中显示的是激活的信号，也就是将要进行仿真分析的信号。用户可以添加或移去激活信号。

在对话框右上方的"Collect Data For"下拉列表中，有五种不同的数据存储类型。

在对话框的"Analysis/Options"仿真方式列表框中，最下面有一个高级选项设置"Advanced Options"，该选项中的内容是各种仿真方式要遵循的基本条件，一般不要修改。

在仿真分析设置对话框中选中"Operating Point Analysis"复选框，系统将显示直流工作点分析参数设置对话框，由于工作点分析的仿真参数均来自电路给定的参数，所以不需要用户进行单独设置。直流工作点分析参数设置对话框如图2-57所示。

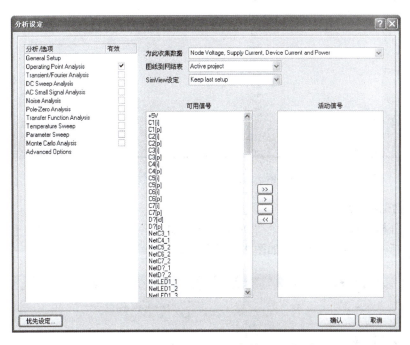

图2-57 直流工作点分析参数设置对话框

2.5.2 仿真设置

1. 瞬态傅立叶特性分析

瞬态特性分析（Transient Analysis）是从时间零开始到用户设定的终止时间范围内进行的，属于时域分析，通过瞬态分析系统将输出各个节点电压、电流及元件消耗功率等参数随时间变化的曲线。

瞬态分析在时间零和开始时间之间只分析但并不保存结果，而在用户设定的开始时间（Start Time）和终止时间（Stop Time）之间才分析并同时保存结果，用于最后输出。

傅立叶特性分析（Fourier Analysis）是瞬态分析的一部分，属于频谱分析，可以与瞬态分析同步，主要用来分析电路中各个非正弦波的激励和节点的频谱，以获得电路中的基频、直流分量、谐波等参数。在每次进行傅立叶分析后，分析得到的谐波的幅值和相位的详细信息都将保存在项目输出文件夹中的ProjectName. sim文件中，并显示在主窗口中。

在仿真分析设置对话框中选中"Transient/Fourier Analysis"复选框，系统会弹出瞬态/傅立叶特性分析参数设置对话框，如图 2 – 58 所示。

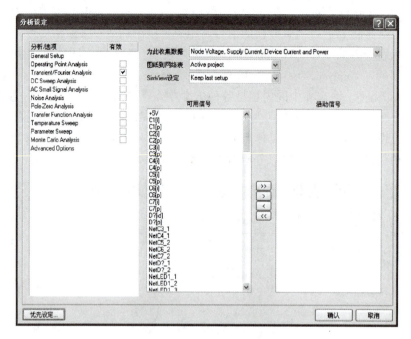

图 2 –58　瞬态/傅立叶特性分析参数设置对话框

2. 直流扫描分析

在仿真分析设置对话框中选中"DC Sweep Analysis"复选框，系统弹出直流扫描分析参数设置对话框，供参数设置，如图 2 –59 所示。

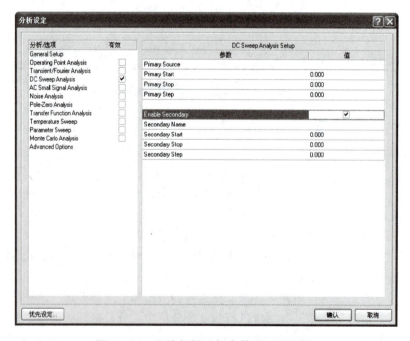

图 2 –59　直流扫描分析参数设置对话框

3. 交流小信号分析

在仿真分析设置对话框中选中"AC Small Signal Analysis"复选框，系统将弹出交流小信号分析参数设置对话框，如图2-60所示。

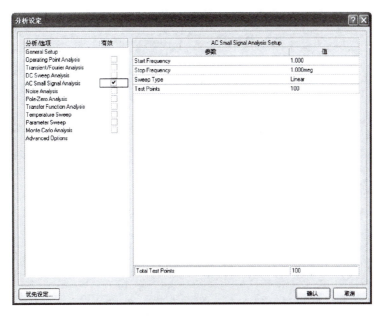

图2-60 交流小信号分析参数设置对话框

4. 噪声分析

在仿真分析设置对话框中选中"Noise Analysis"复选框，系统弹出噪声分析参数设置对话框，如图2-61所示。

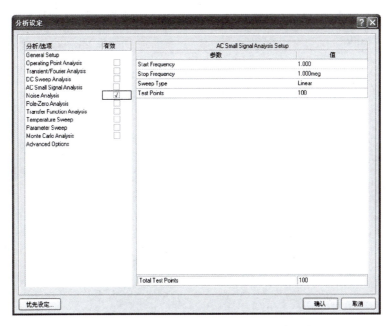

图2-61 噪声分析参数设置对话框

5. 极点－零点分析

在仿真分析设置对话框中选中"Pole－Zero Analysis"复选框，系统将弹出极点－零点分析参数设置对话框，如图2－62所示。

图2－62　极点－零点分析参数设置对话框

6. 传递函数分析

在仿真分析设置对话框中选中"Transfer Function Analysis"复选框，系统将弹出传递函数分析参数设置对话框，如图2－63所示。

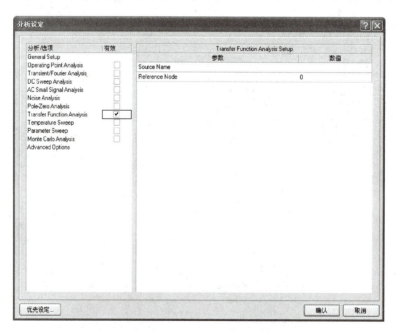

图2－63　传递函数分析参数设置对话框

7. 温度扫描分析

在仿真分析设置对话框中选中 "Temperature Sweep" 复选框，系统将弹出温度扫描分析参数设置对话框，如图 2-64 所示。

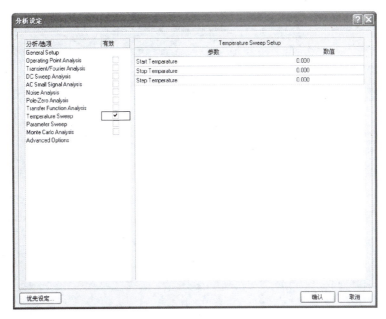

图 2-64   温度扫描分析参数设置对话框

8. 参数扫描分析

在仿真分析设置对话框中选中 "Parameter Sweep" 复选框，系统将弹出参数扫描分析参数设置对话框，如图 2-65 所示。

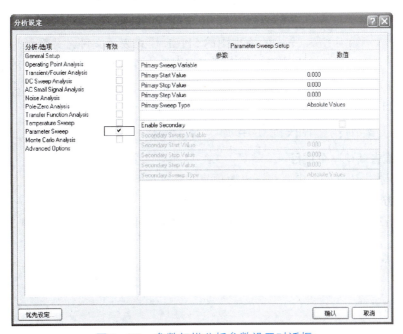

图 2-65   参数扫描分析参数设置对话框

9. 蒙特卡罗分析

在仿真分析设置对话框中选中"Monte Carlo Analysis"复选框，系统将弹出蒙特卡罗分析参数设置对话框，如图2-66所示。

图2-66　蒙特卡罗分析参数设置对话框

2.5.3　仿真运行

电路仿真，在上面的步骤全部完成后，执行菜单命令【设计】／【仿真】／【Mixed Sim】，可以对电路进行仿真。当系统以用户设定的方式对原理图进行分析后，将生成后缀为.sdf的输出文件和后缀为.nsx的原理图的SPICE模式表示文件，并在波形显示器中显示用户设定节点仿真后的输出波形，用户可以根据该文件分析并完善原理图的设计。

打开后缀为.nsx的文件，执行菜单命令【Simulate】／【Run】，也可以实现电路仿真，这种方式和直接从原理图进行仿真生成的波形文件相同。

2.5.4　案例："串联稳压电源"的仿真

1. 打开或者新建一个项目

前面任务2中建立好了串联稳压电源项目，在这里可以直接打开。

2. 绘制仿真电路原理图

前面任务3中已经绘制了原理图，现只需在原来原理图中添加仿真元件，如图2-67所示。

3. 设置仿真节点

在上图中，设置三个仿真节点：U_i、U_o、U_W。

4. 设置仿真器

设置直流静态工作点分析。

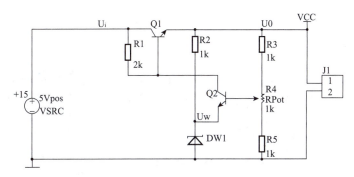

图 2 -67　仿真电路图

5. 运行电路仿真

任务6　PCB 板设计环境设置

设置 Protel DXP PCB 编辑器，浏览熟悉常用元件的封装，理解 PCB 板各层的作用。

2.6.1　系统参数的设置

1. 操作步骤

（1）新建工程文件，并保存为"浏览封装 . PrjPCB"。

（2）新建 PCB 文件，并保存为"浏览封装 . PcbDoc"。

（3）分别浏览常用直插式元件的引脚封装，并在 PCB 图纸中放置如图 2 - 68 所示引脚封装，并说明各封装分别适用于哪些元件。

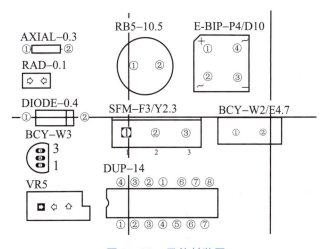

图 2 -68　元件封装图

（4）理解和设置 Protel DXP PCB 编辑器中各显示层。

2. PCB 的文档操作

（1）创建 PCB 文件。创建 PCB 文件的方法与创建原理图文件类似，具体步骤如下：

执行菜单命令【文件】/【创建】/【PCB 文件】，进入印制板编辑器，如图 2 -69 所示，生成的 PCB 图默认文件名为"PCB1.PcbDoc"。

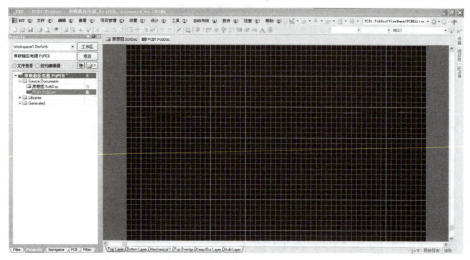

图 2 −69　PCB 编辑界面

执行菜单命令【文件】/【保存】或者【文件】/【另存为】，系统弹出如图 2 −70 所示的保存 PCB 文件对话框。

图 2 −70　保存 PCB 文件对话框

在该对话框内，选择文件存储路径，以及另起的文件名，单击"保存"按钮，完成重命名操作。

（2）导入其他 PCB 文档。如果已经设计好了一个 PCB 图，并保存为一个文件，现希望将该文件添加到当前项目中，只需执行菜单命令【项目管理】/【追加已有文件到项目中】，弹出导入 PCB 文件对话框，选择已有的 PCB 文件，添加到当前项目中。如图 2 −71 所示。

3. PCB 图编辑环境

PCB 图编辑器由菜单栏、工具栏、状态栏、面板按钮、图形编辑区等组成。

（1）菜单栏

PCB 编辑器菜单栏涵盖了 PCB 设计系统的全部功能，包括文档操作、编辑、界面缩放、项目管理、放置工具、设计参数设置、规则设置、板层设置、布线工具、自动布线、报表信息、窗口操作、帮助文件等，如图 2 −72 所示。

图 2-71　导入 PCB 文件对话框

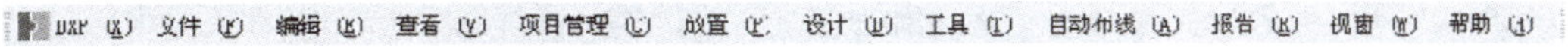

图 2-72　PCB 板编辑器菜单栏

（2）工具栏

PCB 编辑器中的工具栏有以下几种：标准工具栏（PCB Standard）、放置工具栏（Placement）、工程工具栏（Project）、过滤器工具栏（Filter）、尺寸工具栏（Dimensions）、元件排列工具栏（Component Placement）、寻找选择对象工具栏（Find Selection）、间距设置工具栏（Rooms）、仿真工具栏（SI）。所有的工具栏都可以在编辑区窗口内任意浮动，并设定放在任何适当的位置；也可以根据使用习惯，将不同的工具栏按一定顺序摆放。在进行 PCB 设计时，不是所有的工具栏都会用到，可将不使用的工具栏关闭，使工作界面更加清晰整洁，如图 2-73 所示。

图 2-73　PCB 板编辑器工具栏

（3）文档标签

每个打开的文档都会在设计窗口顶部有自己的标签，右击标签可以关闭、修改成平铺打开的窗口，如图 2-74 所示。

图 2-74　文档标签

（4）工作层标签。在 PCB 编辑器窗口工作区的下方，有工作层面切换标签，通过单击相应的工作层，可以在不同的工作层之间进行切换，当前工作层为顶层（Top Layer），如图 2-75 所示。

| Top Layer | Bottom Layer | Mechanical 1 | Top Overlay | Keep-Out Layer | Multi-Layer |

图 2−75　工作层切换标签

4. PCB 编辑器的画面管理

画面管理就是指工作平面的移动、放大、缩小和刷新等操作，PCB 编辑器的画面管理主要包括画面的移动和缩放等。

（1）画面的移动

在 PCB 板的设计过程中，常常需要移动工作窗口中的画面，以便观察图纸的各个部分，常常移动的方法有利用工作窗口的滚动条移动和利用导航器移动两种。

利用工作窗口的滚动条移动的方法与 Windows 操作系统下 Office 软件操作方法相同。

利用导航器移动，导航器下部的小窗口显示的是整张图纸，线框就是当前工作窗口画面在整张图纸中所示的位置，可以通过移动这个线框来移动工作窗口中的画面。如图 2−76 所示。

图 2−76　导航器面板

（2）画面的缩放

当需要观察图纸局部线路图的具体情况，对线路图作进一步调整、修改时，往往要对这部分线路图做局部放大，而观察图纸全局时需要缩小。在 Protel 2004 中，可以通过快捷键放大，也可以单击工具栏中的图标放大，还可以执行菜单命令放大。

常用的缩放快捷键有放大（Page Up）键、缩小（Page Down）键，以及画面更新（End）键等。放大和缩小都是以当前光标所在位置为中心进行缩放，值得说明的是，当系统处于其他命令状态下，鼠标无法移出工作区时，必须用快捷键进行缩放操作。

5. 工作层的设置

Protel 2004 为多层印制电路板设计提供了多种不同类型的工作层，包括 32 个信号层，16 个内层电源/接地层、16 个机械层、10 个辅助层等。用户可以在不同的工作层上执行不同的操作。

执行菜单命令【设计】/【PCB板层次颜色】，弹出如图2-77所示对话框，可以设置信号层、电源层、机械层、阻焊层、助焊层、丝印层，以及各层的颜色、图纸设置等。

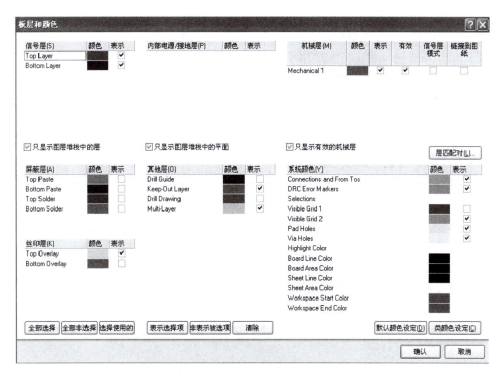

图2-77　PCB层与颜色设置对话框

（1）信号层：包括顶层、底层、中间层，主要用于放置与信号有关的电气元素，共有32个信号层。其中，顶层、底层可以放置元件和铜模导线，中间工作层只能用于布置铜膜导线。系统默认打开的信号层仅有顶层、底层，如果需要打开其他信号层，则执行命令【设计】/【层堆栈管理器】，弹出层堆栈管理对话框，如图2-78所示。

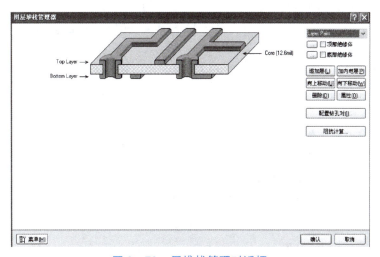

图2-78　层堆栈管理对话框

（2）内部电源层：主要用于布置电源及地线，故也称为内部电源/接地层。如果用户绘制多层板，则在层堆栈管理对话框中，单击【Add Plane】按钮，可以添加内部电源层。添加后，该层显示在 PCB 层与颜色设置对话框的信号层栏中。

（3）机械层：Protel 2004 为用户提供了 16 个机械层，常用来定义电路板的轮廓，放置各种文字说明等。在制作 PCB 时，系统默认打开的机械层有一层。

（4）禁止布线层：禁止布线层用于设定电路板的电气边界，此边界外不会布线，没有此边界就不能使用自动布线功能，即使采用手工布线，在电气规则检查时也会报错。

（5）丝印层：主要用于放置元件的外形轮廓、文字代号等，包括顶层丝印层和底层丝印层两种。

（6）阻焊层和助焊层：Protel 2004 提供了阻焊层和助焊层，有顶层助焊层、底层助焊层、顶层阻焊层、底层阻焊层等。

（7）其他工作层：Protel 2004 除了提供以上的工作层以外，还提供了 Drill Guide、Drill Drawing、Multi – Layer 三种图层。Drill Guide 主要用来选择绘制钻孔导引层；Drill Drawing 主要用来选择绘制钻孔图层；Multi – Layer 用于设置是否显示复合层，如果不选择此项，焊盘及过孔就无法显示出来。

工作层的一般设置：

单面板设计应打开底层、顶层丝印层、禁止布线层、机械 1 层、复合层等。

双面板设计应打开顶层、底层、顶层丝印层、禁止布线层、机械 1 层、复合层等。

四层板设计打开顶层、底层、两个内部电源层、顶层丝印层、禁止布线层、机械 1 层和复合层等。

6. PCB 参数的设置

PCB 系统参数包括光标显示、层颜色、系统默认设置、PCB 编辑器窗口设置等。许多系统参数都是符合用户的个人习惯，因此一旦设定，就成为用户个性化的设计环境，系统参数设置是 PCB 设计过程中非常重要的一部分。

（1）一般设置

执行菜单命令【设计】/【PCB 板选择项】，系统会弹出图 2 – 79 所示的 PCB 板选择项对话框，有以下选项可供设置：

测量单位（Measurement Unit）：用于设置度量单位，有英制（Imperial）和公制（Metric），默认单位是英制。

捕获网格（Snap Grid）：用于设置捕捉栅格，用来控制光标移动的最小距离，包括 X 和 Y 两个方向的移动栅格设置。

元件网格（Component Grid）：用于设置元件移动的间距，也包括 X 和 Y 两个方向的移动栅格设置。

电气网格（Electrical Grid）：用于设置电气栅格属性，其意义与电路原理图电气栅格相同，选中表示具有自动捕捉焊盘的功能。

可视网格（Visible Grid）：用于设置可视栅格的类型和栅格，系统提供了 Line（线状）、Doc（点状）两种类型，可以在标记列表中选择，在 Grid1、Grid2 设置两组可视栅格的大小。

图纸位置（Sheet Position）：用于设置图纸的大小和位置，如果选择显示图纸（Display Sheet），则显示图纸，否则只显示 PCB 部分。

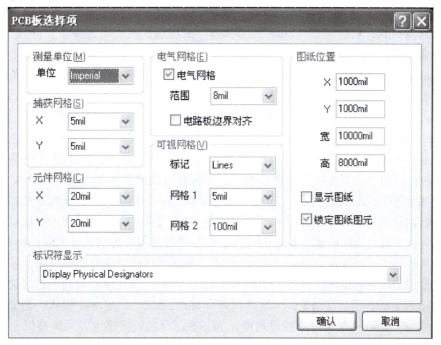

图 2-79 PCB 板选择项对话框

（2）特殊设置

执行菜单命令【工具（Tools）】/【优先设定（Preference）】，系统弹出图 2-80 所示的优先设定（Preference）对话框，有 General、Display、Show/Hide、Default、PCB 3D 四个选项卡。

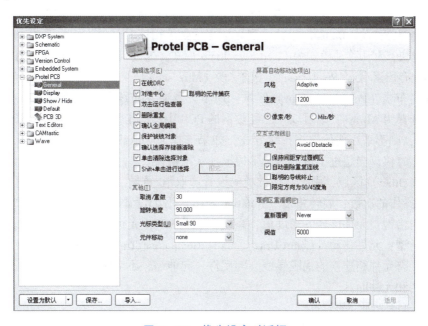

图 2-80 优先设定对话框

● General 选项卡的设置

编辑选项（Editing Options）区域：主要的设置项有：Online DRC 复选框，用于设置在线设计规则检查；对准中心（Snap To Center）复选框，用于设置移动元件或字符串时，光标是否自动移动到元件封装、字符串参考点，系统默认选中此项；单击清除选择对象（Click Clears Selection）复选框，用于设置当选取电路板组件时，是否取消原来选取的组件，选中此项系统会取消原来选取的组件，系统默认选中；双击运行检查器（Double Click Runs Inspector）复选框，用于设置使用鼠标左键双击元件或元件的引脚，弹出查询（Inspector）窗口，显示所检查元件的信息；删除重复（Remove Duplicates）复选框，用于设置系统是否自动删除重复的组件，系统默认选中此项；确认全局编辑（Confirm Global Edit）复选框，用于设置在进行整体修改时，系统是否出现整体修改结果提示对话框，系统默认选中此项；保护被锁对象（Protect Locked Objects）复选框，用于保护锁定的对象。

屏幕自动移动选项（Autopan Options）区域：用于设置自动移动功能，可以设置移动模式和速度。模式有自适应模式（Adaptive），系统根据当前图形的位置自适应选择移动方式；取消移动功能模式（Disable）；Re - Center 模式，当光标移动到编辑区边缘时，系统将光标所在的位置设置为新的编辑区中心；Fixed Size Jump 模式，当光标移动到编辑区边缘时，系统将以 Step Size 设定值为移动量向未显示的部分移动；Shift Accelerate 模式，当光标移动到编辑区边缘时，如果 Shift Step 项的设定值比 Step Size 项的设定值大，系统将以 Step Size 项设定值为移动量向未显示的部分移动，当按下【Shift】键后，系统将以 Shift Step 项的设定值为移动量向未显示的部分移动，如果 Shift Step 项的设定值比 Step Size 项的设定值小，不管按不按【Shift】键，系统都将以 Shift Step 项的设定值为移动量向未显示的部分移动；Shift Decelerate 模式，当光标移动到编辑区边缘时，如果 Shift Step 项的设定值比 Step Size 项的设定值大，系统将以 Shift Step 项设定值为移动量向未显示的部分移动，当按下【Shift】键后，系统将以 Step Size 项的设定值为移动量向未显示的部分移动，如果 Shift Step 项的设定值比 Step Size 项的设定值小，不管按不按【Shift】键，系统都将以 Shift Step 项的设定值为移动量向未显示的部分移动；Ballistic 模式，当光标移动到编辑区时，越往编辑区边缘移动，系统移动速度越快；默认移动模式为 Fixed Size Jump 模式。速度（Speed）编辑框用于移动速度设置，单位有像素/秒（Pixels/sec）、密尔/秒（Mils/sec）。

交互式布线（Polygon Repour）区域：用于设置交互布线中避免障碍和推挤布线的方式，如果选择为 Always，则可以在已经敷铜的 PCB 中修改走线，敷铜会自动重敷；如果选择为 Never，则不采用任何推挤布线方式；如果选择为 Threshold，则设置一个避免障碍的门槛值，此时仅仅当超过了该值后，多边形才被推挤。

其他（Other）区域：用于其他选项的设置。取消/重做（Undo/Redo），用于设置撤销操作/重复操作的次数；旋转角度（Rotation Step）用于设置旋转角度，即在放置元件时，每按一次空格键，元件旋转的角度值，系统默认为 90°；光标类型（Cursor Type）用于设置光标的类型；元件移动（Comp Drag），选择 Component Tracks 选项，在使用菜单命令移动元件时，与元件相连接的铜膜导线会随元件一起伸缩，不会断开，而选择 None 选项时，铜膜导线会和元件断开。

● Display 选项卡的设置

单击 Display 标签进入 Display 选项卡，用于设置屏幕显示和元件显示模式。如

图2-81所示。

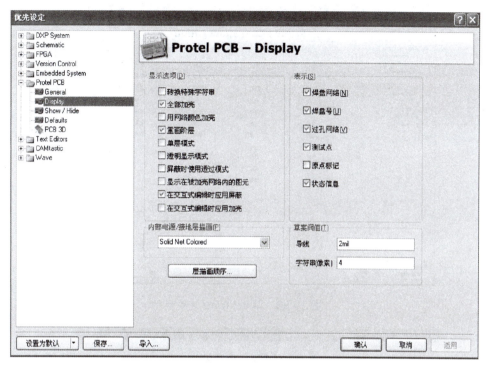

图2-81　Display 选项卡

显示选项（Display Options）区域：该区域用于设置屏幕显示模式，主要的设置项有：转换特殊字符串（Convert Special Strings）复选框、全部加亮（Highlight in Full）复选框、用网络颜色加亮（Use Net Color For Highlight）复选框、重画阶层（Redraw Layers）复选框、单层模式（Single Layer Mode）复选框、透明显示模式（Transparent Layers）复选框等。

表示（Show）区域：用于PCB显示设置，主要的设置项有焊盘网络（Pad Nets）复选框、焊盘号（Pad Numbers）复选框、过孔网络（Via Nets）复选框、测试点（Test Points）复选框、原点标记（Origin Marker）复选框、状态信息（Status Info）复选框等。

草案阈值（Draft Thresholds）区域：用于设置图形显示极限，主要的设置项有导线（Tracks）框、字符串（Strings）框。

层描画顺序（Layer Drawing Order）按钮：用于设置PCB各层画面的重画顺序。

- Show/Hide 选项卡的设置

单击Show/Hide标签，进入Show/Hide选项卡，如图2-82所示，用于设置各种图形的显示模式。三种显示模式：Final（精细）显示模式、Draft（简易）显示模式、Hidden（隐藏）显示模式。

- Defaults 选项卡的设置

单击Defaults标签，进入Defaults选项卡，如图2-83所示，用于设置各种组件的系统默认设置。在图元类型（Primitive Type）表中，选择需要修改的组件，单击编辑值（Edit Values）按钮，进入选中的对象属性对话框，即可对该项进行设置。

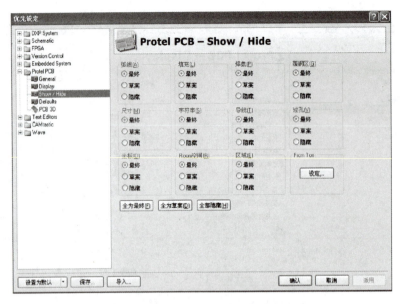

图 2 -82　Show/Hide 选项卡

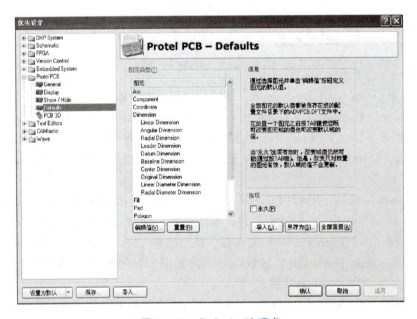

图 2 -83　Defaults 选项卡

2.6.2　案例：设置 PCB 板设计环境

为串联稳压电源的 PCB 板设计，设置好 PCB 环境。具体要求如下：

(1) 新建"串联稳压电源 PCB 板 . PcbDoc"文件。

(2) 设置 PCB 板设计环境。

● 显示层面。这里我们设计的是单面 PCB 板，主要用到的层有底层信号层、顶层丝印层、机械层 1、禁止布线层和复合层等，如图 2 -84 所示。

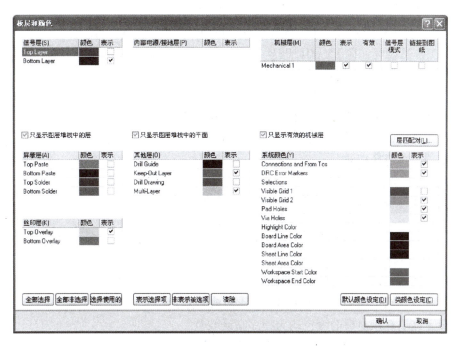

图2-84　显示层面设置对话框

● PCB参数设置。根据需要适当设置PCB参数。PCB选项设置如图2-85所示。

图2-85　PCB板选择项设置对话框

2.6.3　技能训练：（职业技能鉴定考点五）

【操作要求】

在考生文件夹中新建 X5 – 01. PCB 文件，按照以下要求完成操作。

（1）工作层设置：在 X5 – 01. PCB 文件夹中，信号层选择顶层和底层，机械层选择第一层，防焊层和锡高层选择顶层。

（2）选项设置：

- 设置当出现重叠图件时，系统会自动删除重叠的图件。
- 设置进行整体编辑时，系统会自动弹出确认对话框。
- 取消自动边移功能。

（3）数值设置：

- 设置测量单位为"英制"，可视删格为 1 000mil。
- 设置水平、垂直捕捉栅格和水平、垂直元件栅格均为 20mil，电器栅格为 8mil。
- 设置旋转角度为 45°，操作撤销次数为 30 次。

（4）显示设置：

- 设置栅格类型为"线型"，显示"飞线""导孔"和"焊盘孔"。
- 设置只显示当前板层，不显示网络名称和焊点序号。
- 设置所有显示对象的颜色均为程序默认颜色。
- 设置路径和弧线为"精细显示"，其余"隐藏显示"。

（5）默认值设置：设置导孔直径为 50mil，孔径为 28mil，始于顶层，止于底层。

（6）设置完毕，保存操作结果。

任务7　印制电路板（PCB）库操作

2.7.1　PCB 封装编辑器的基本操作

在 PCB 元件封装库编辑器中，创建或修改元器件封装的绘图工具与 PCB 编辑器中使用的绘图工具类似。创建元件封装，一般在丝印层绘制出元件的外形轮廓，在顶层或多层放置用于焊接元器件的引脚焊盘，贴片元件放置在顶层，直插式元件放置在多层。

1. 启动元件封装库编辑器

启动元件封装库编辑器有直接打开和利用项目工程打开两种方法。直接打开：通过执行菜单命令【文件（File）】/【创建（New）】/【库（Library）】/【PCB 库（PCB Library）】，打开 PCB 元件编辑器窗口；利用项目工程打开：右键已经创建好的项目工程文件，弹出菜单，选择执行命令【追加新文件到项目中（Add New to Project）】/【PCB Library】，打开元器件封装库编辑器窗口。打开 PCB 元件封装库编辑器后，系统默认的文件名为"PCBLib1. PCBLib"，右键单击该文件名，可以保存该文件，保存时可以设置保存文件的文件名与路径，也可以通过菜单命令保存或另存为。PCB 元件封装库编辑器如图 2 – 86 所示。

2. 元件封装编辑器的组成

元件封装编辑器窗口由菜单栏、工具栏、面板标签、编辑窗口等构成，操作方法与原理图元件库编辑方法类似。

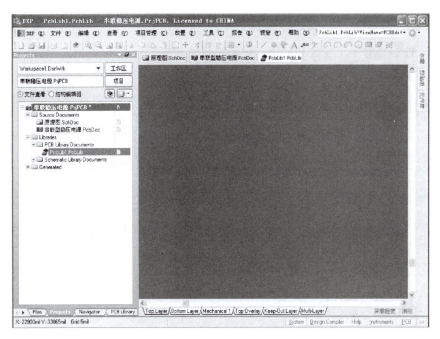

图 2 –86　PCB 元件封装库编辑器

3. 元件封装的管理

在开始绘制元件封装时，需要设置编辑窗口参数，如度量单位、鼠标移动最小间距、栅格尺寸等。执行菜单命令【工具（Tools）】／【库选择项（Library Options）】，可以打开 PCB 板参数设置对话框，如图 2 –87 所示。

图 2 –87　PCB 板参数设置对话框

在此对话框中可以设置尺寸单位、捕获网格、电气栅格、可视栅格、窗口尺寸等参数，操作过程与 PCB 编辑窗口参数设置相同。

2.7.2　创建元件封装的操作

创建元件封装有手工创建和利用向导创建两种方法。

1. 手工创建元件封装步骤

（1）打开元件封装库编辑器窗口，设置好窗口参数。

（2）放置焊盘。执行菜单命令【放置（Place）】/【焊盘（Pad）】。也可以在绘图工具栏中单击焊盘按钮，进行放置。在放置状态，单击【Tab】键，或者双击放置好的焊盘，弹出焊盘属性设置对话框，如图2-88所示。

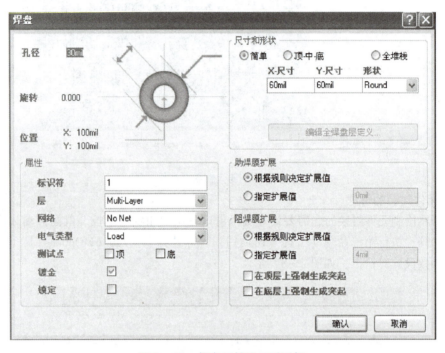

图2-88　焊盘属性设置对话框

通过焊盘属性设置对话框可以设置焊盘的孔径、旋转角度、位置坐标、标识符、层、网络节点、焊盘大小、焊盘形状等参数。

（3）绘制轮廓线。轮廓线与焊盘一起反映元件在PCB板上的整体外形，一般把轮廓线放置在顶层丝印层。设置好层后，执行菜单命令【放置（Place）】/【直线（Line）】，绘制轮廓线中的直线部分，执行菜单命令【放置（Place）】/【圆弧（Arc）】，绘制轮廓线中的圆弧部分。

（4）封装命名。执行菜单命令【工具（Tools）】/【元件属性（Component Properties）】打开PCB元件封装属性设置对话框，如图2-89所示。在【名称（Name）】属性中为新建的元件封装命名。

（5）设置元件封装的参考点。在PCB设计中，系统默认的元件封装参考点为坐标原点，为了便于移动或翻转元器件封装，在元件封装绘制编辑器窗口中，需要更改参考点。可以通过执行菜单命令【编辑（Edit）】/【设定参考点（Set Reference）】/【引脚1（PIN 1）】设置，参考点一般设置为引脚1或中心。

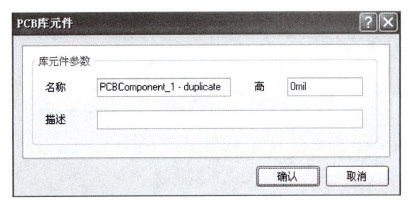

图 2-89　PCB 元件封装属性设置对话框

2. 利用向导创建元件封装

Protel 2004 在 PCB 封装库编辑器中提供了一个元器件封装生成向导，具体步骤如下：（以直插式电解电容为例说明）

（1）在 PCB 封装库编辑器中执行菜单命令【工具（Tools）】/【新元件（New Component）】，系统弹出元器件封装设计向导对话框，如图 2-90 所示。

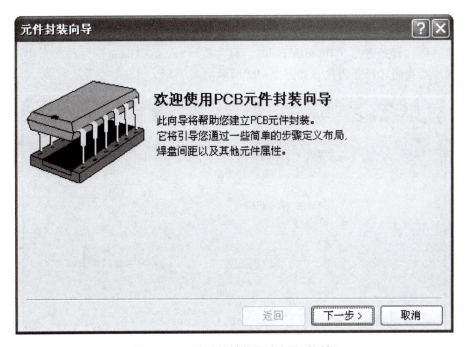

图 2-90　元器件封装设计向导对话框

（2）单击【下一步】进入元器件封装模式选择对话框，在元件的模式表选择框中选择合适的需要创建的封装模型，在这选择 Capacitors（电容）；在【选择单位】选择框中选择好绘图时的单位，有英制和公制两种，在这选择英制单位 mil。如图 2-91 所示。

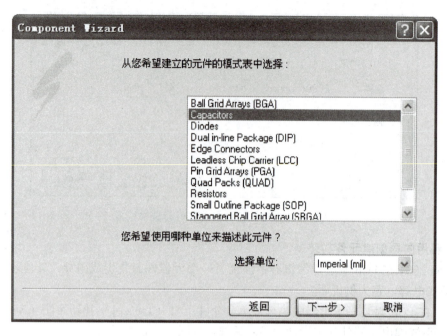

图2-91　元器件封装模式选择对话框

（3）单击【下一步】，系统弹出元件类型选择对话框，在选择列表框中选择将要设计电容器的类型，有穿透孔（Through Hole）、贴片式（Surface Mount）两种类型供选择，在这里根据需要我们选择穿透孔。如图2-92所示。

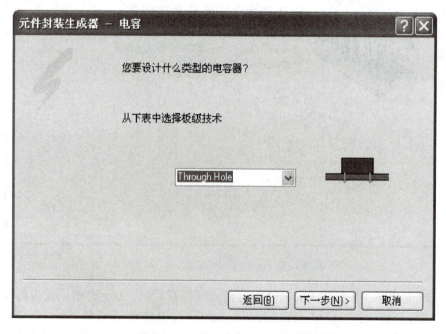

图2-92　元件类型选择对话框

（4）单击【下一步】，弹出焊盘设计对话框，设置焊盘的大小和过孔的大小，默认值焊盘的大小为50mil，过孔的大小为28mil。在这里根据需要我们设置焊盘的外径尺寸为80mil，过孔大小为50mil，如图2-93所示。

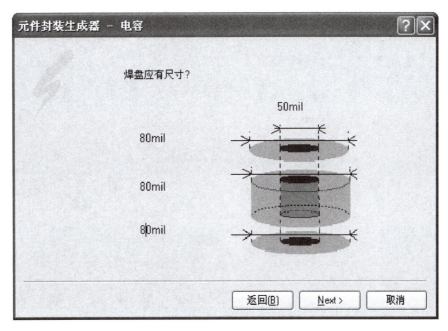

图2-93 焊盘设计对话框

（5）单击Next进入焊盘间距设置对话框，设置焊盘间距，默认值为500mil，在这里根据我们的需要，设置为600mil，如图2-94所示。

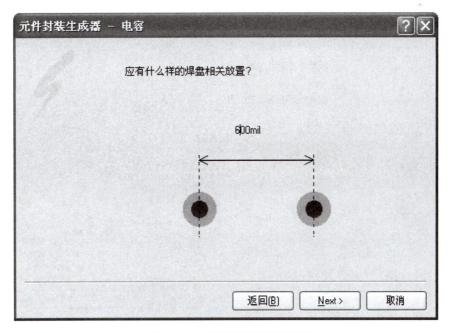

图2-94 焊盘间距设置对话框

（6）单击【Next】按钮，进入电容轮廓定义对话框，对电容器的极性、轮廓形状等进行设置，在这里根据需要，在【选择电容器极性】选择框中选择有极性电容（Polarised），在【选择电容器封装风格】选择框中选择圆形（Radial 中的 Circle），如图 2-95 所示。

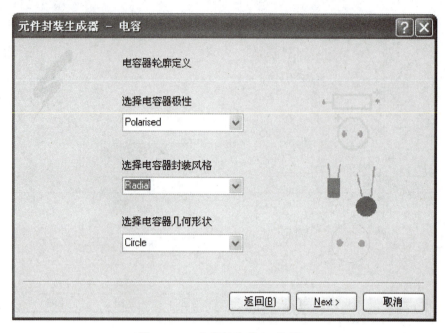

图 2-95　电容轮廓定义对话框

（7）单击【Next】按钮，进入电容器的轮廓设置对话框，设置电容器轮廓线宽、轮廓线与焊盘的距离等参数。在这里使用默认参数就行，如图 2-96 所示。

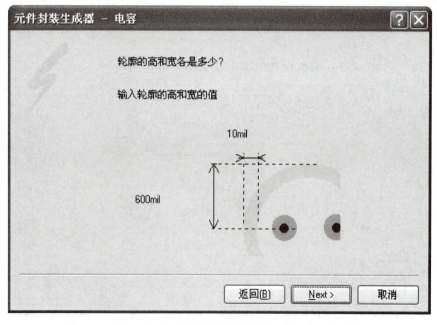

图 2-96　电容器封装轮廓设置对话框

（8）单击【Next】按钮，进入电容器封装命名对话框，在对话框中输入元件封装的名称，在这里我们输入"电解电容器"，如图2-97所示。

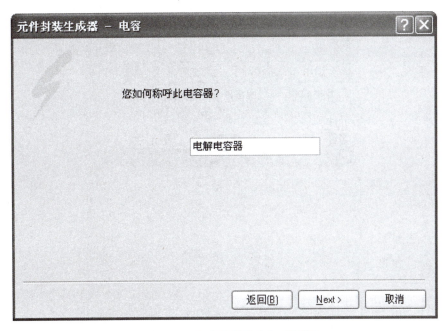

图2-97　电容器封装命名对话框

（9）单击【Next】按钮，单击【Finish】按钮，系统会按照上面的设置，给出电解电容器的封装，如图2-98所示。

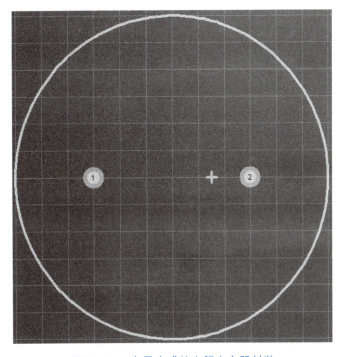

图2-98　向导生成的电解电容器封装

（10）完成后，保存封装库文件，可在 PCB 封装库编辑器窗口中选择 PCB Library 选项卡浏览生成的元件封装库，如图 2 - 99 所示。

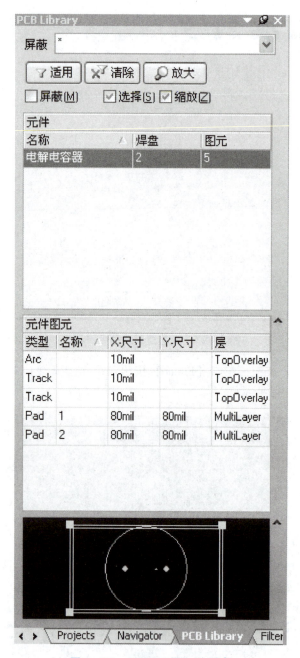

图 2 -99 PCB Library 选项卡

2.7.3 案例：创建 PCB 库，新增元件封装

为特殊元件新建 PCB 元件封装库，制作元件封装。

（1）创建 PCB 元件封装库，并命名"为 My_ PCB_ Lib. PCBLib"。

（2）制作元件封装，主要有以下元件需要自制封装：

- 变压器的封装，名称为 Tran，制作好的元件封装如图 2 – 100 所示。

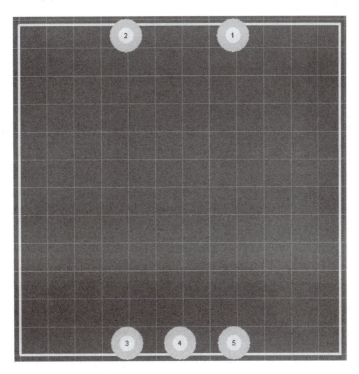

图 2 – 100 变压器的封装图

- 1 000μF 电解电容器的封装，名称为 Cap – 8mm，制作好的封装图如图 2 – 101 所示。

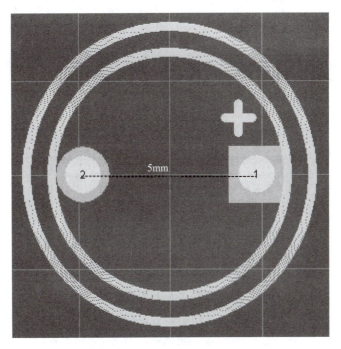

图 2 – 101 电解电容的封装图

- 三极管 TIP30 的封装，名称为 TO‐220，制作好的封装图如图 2‐102 所示。

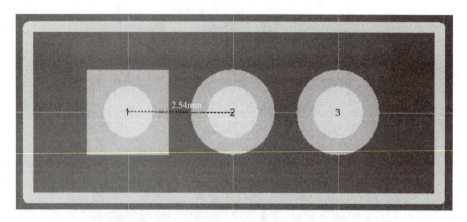

图 2‐102　TO‐220 封装图

- 三极管 9014 的封装，名称为 TO‐92，制作好的封装图如图 2‐103 所示。

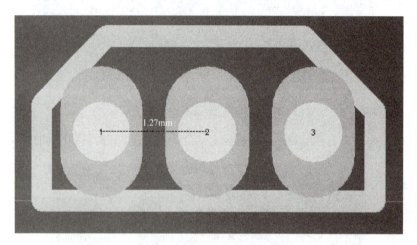

图 2‐103　TO‐92 封装图

- 可调电阻的封装，名称为 RW，制作好的封装图如图 2‐104 所示。

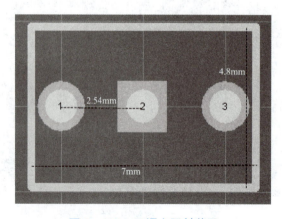

图 2‐104　可调电阻封装图

2.7.4　技能训练：（职业技能鉴定考点六）

【操作要求】

1. PCB 文件中的库操作

（1）新建一个 PCB 文件。

（2）向 PCB 图中添加元件 DAC – 8，XOR2 和 NAND2，依次命名为 IC1，IC2 和 IC3。

（3）将操作结果保存在考生文件夹中，命名为 X6 – 01. PCB。

2. PCB 库文件中的库操作

（1）建立一个新的库文件，按照样图 2 – 105 创建 QUAD PCB 元件封装。

（2）将操作结果保存在考生文件夹中，库文件命名为 X6 – 01. lib，元件封装命名为 X6 – 01。

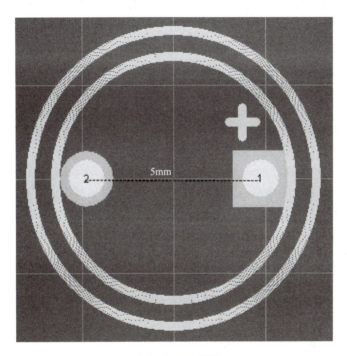

图 2 – 105　样图

任务 8　PCB 布局

2.8.1　PCB 布局应遵循的原则

1. PCB 板尺寸及板层选取原则

进行电路板的设计，首先要规划电路板的大小，以及确定电路板的层数等。电路板的尺寸过大，一方面成本增加，另一方面会使 PCB 板导线长度加长，导致阻抗加大，抗干扰能力降低；电路板尺寸过小，一方面会增加安装难度，另一方面会导致散热不好，相互影响大。

板的层数越多，制作程序就越复杂，成品率就降低，成本也相对提高。所以在满足电气功能要求的前提下，应尽可能选用层数较少的电路板。

2. PCB 板元件布局的原则

元件布局是将元件在一定面积的 PCB 板上合理的排放。在设计中，元件布局是一个重要的环节，往往要经过若干次布局，才能得到一个比较满意的布局，布局的好坏直接影响布线的效果。一个好的布局，首先要满足电路的设计性能，其次要满足安装空间的限制，在没有尺寸限制时，要使布局尽量紧凑，尽量减小 PCB 设计的尺寸，减少生产成本。在布局中应遵循以下原则：

（1）一般性原则

为了便于自动焊接，每边要留出 3.5mm 的传送边，如不够，要考虑加工艺传送边。

在通常情况下，所有的元器件均应布局在 PCB 板的顶层，当顶层元器件过密时，可以考虑将一些高度较小、发热量小的器件，如贴片电阻、电容等，放置在底层。

元器件在整个板面上应紧凑的分布，尽量缩短元器件间的布线长度。

将可调整的元器件布置在易调节的位置。

某些元器件或导线之间可能存在较高的电位差，应加大它们之间的距离，以免放电击穿引起意外短路。

带高压的元器件应尽量布置在调试时手不易触及的地方。

在保证电气性能的前提下，元器件在整个板面上应均匀、整齐排列，疏密一致，讲究美观。

（2）其他原则

信号流向布局原则：按照信号的流向放置电路各个功能单元的位置；元件的布局应便于信号的流通，使信号尽可能保持一致的方向。

抑制热干扰原则：发热元件应安排在利于散热的位置，必要时可以单独设置散热器，以降低温度和减少对邻近元器件的影响；将发热较高的元器件分散开，使单位面积热量减少。

抑制电磁干扰原则：对干扰源及对电磁感应较灵敏的元件进行屏蔽或滤波，屏蔽罩应良好接地；加大干扰源与对电磁感应较灵敏元件之间的距离；尽量避免高、低压器件相互混杂，避免强弱信号器件交错在一起；尽可能缩短高频元件和大电流元件之间的连线，设法减少分布参数的影响；对于高频电路，输入和输出元件应尽量远离；采用数字逻辑电路时，在满足使用要求的前提下，尽可能选用低速元件；PCB 板中有接触器、继电器、按钮等元件时，在操作它们时均易产生较大火花放电，必须采用 RC 浪涌吸收电路来吸收放电电流；CMOS 元件的输入阻抗很高，且易受感应，因此对不使用的端口要进行接地或接正电源处理。

提高机械强度原则：应留出固定支架、安装螺孔、定位螺孔、连接插座等的位置；电路板的最佳形状是矩形（长宽比为 3:2 或 4:3），当板面尺寸大于 200mm×150mm 时，应考虑板所受的机械强度。

2.8.2 规划 PCB 板

设计 PCB 板首先要做的就是电路板的规划，包括电路板的物理边界、电气边界的确定。规划电路板的主要方法有手工规划、利用 PCB 生成向导规划、使用 PCB 模板规划三种。

1. 手工规划电路板

手工规划电路板，首先要建立项目文件并生成 PCB 文件，然后进行电路板一般参数和特殊参数设置，最后通过手工绘制电路板的物理边界和电气边界完成电路板的规划。

例：规划一块 60mm×40mm 的单面电路板。

（1）绘制电路板的物理边界，步骤如下：

单击 PCB 编辑器窗口下部的工作层转换按钮，将 Mechanical1（机械层 1）作为当前工作层。

通过执行菜单命令【查看】/【切换单位】，把单位由 mil 切换到 mm，也可利用键盘 Q 键切换。

通过执行菜单命令【编辑】/【原点】/【设置】，在 PCB 编辑区的左下角某处单击，设置相对坐标原点（0，0），在该点往右为 +X 轴，往上为 +Y 轴。

执行菜单命令【放置】/【直线】，或单击工具栏上的直线图标，在屏幕上任意画出四条直线。然后双击第一条直线，弹出导线设置对话框，设置开始点坐标、结束点坐标，在这里根据需要，设置我们的开始点为（0，0），结束点为（60，0）；依据此方法，再设置第二条线的开始点坐标为（60，0），结束点坐标为（60，40）；第三条直线的开始点坐标为（60，40），结束点坐标为（0，40）；第四条直线的开始点坐标为（0，40），结束点坐标为（0，0）。这样四条直线就围成了一个封闭的 60mm×40mm 的矩形。导线设置对话框如图 2 – 106 所示。

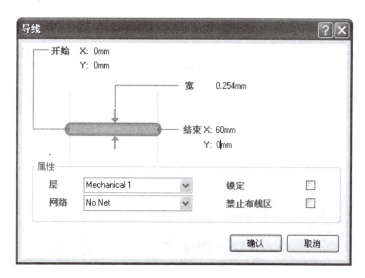

图 2 – 106　导线设置对话框

（2）绘制电路板的电气边界。为防止元件及铜膜走线离板边太近，需要设置电路板的电气边界，电气边界用于限制元件布置及铜膜走线在此范围内，设置方法如下：

将禁止布线层（Keep – Out Layer）作为当前工作层；用同样的方法画一个距离物理边界边框 1mm 的矩形。

设置好的物理边界、电气边界如图 2 – 107 所示。外边框为物理边界，内边框为电气边界，两边框相隔 1mm。

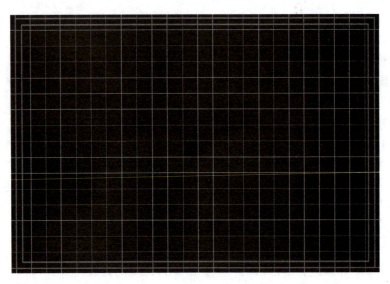

图 2 –107　物理边界、电气边界图

2. 利用 PCB 生成向导规划电路板

Protel 2004 提供了 PCB 板规划向导，在规划过程中可以自己定义 PCB 板的参数，具体操作如下：

（1）单击 Protel 2004 的面板控制按钮中的"Files"标签，显示 Files 面板，单击 Files 面板下部的"根据模板创建"中的"PCB Board Wizard"选项，即可进入 PCB 文件生成向导，如图 2 –108 所示。

图 2 –108　PCB 文件生成向导对话框

（2）单击【下一步】按钮继续，弹出 PCB 板尺寸单位设置对话框（如图 2-109 所示），设置好需要的单位，这里我们根据需要选择公制，单位为 mm。

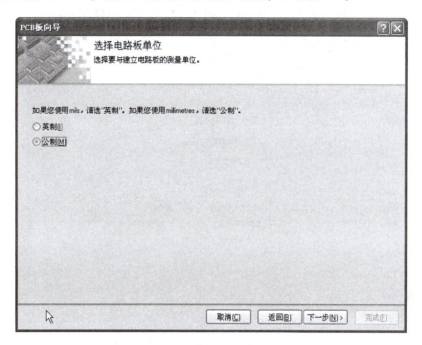

图2-109　PCB板尺寸单位设置对话框

（3）单击【下一步】按钮，系统弹出选择电路板配置文件对话框（如图 2-110 所示），可以从 PCB 模板库中选择一种标准模板，也可以选择 Custom 选项，根据用户需求自定义尺寸，本例中选择 Custom 自定义尺寸。

图2-110　选择电路板配置文件对话框

　　（4）单击【下一步】按钮，系统弹出电路板详情设置对话框，可以选择电路板的轮廓形状、尺寸等参数。这里根据我们的需要，设置电路板的形状为矩形，尺寸为宽60mm、高40mm，尺寸放置在机械层1（MechanicalLayer1），如图2-111所示。

图2-111　电路板详情设置对话框

　　（5）单击【下一步】按钮，系统弹出电路板层设置对话框，设置电路板的信号层数量和内部电源层数量，在这里根据需要设置信号层为2，内部电源层为0，如图2-112所示。

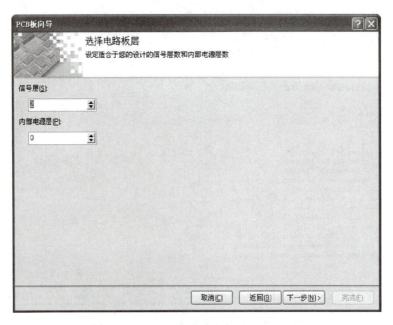

图2-112　电路板层设置对话框

（6）单击【下一步】按钮，系统弹出过孔风格选择对话框，有"只显示通孔"和"只显示盲孔或埋过孔"两种互斥风格，在这里我们选择只显示通孔风格，如图2-113所示。

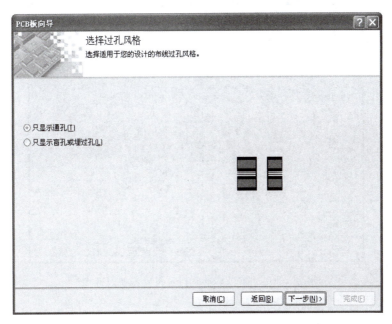

图2-113　过孔风格选择对话框

（7）单击【下一步】按钮，系统弹出元件选择和布线逻辑对话框，选择电路板的主要元器件封装形式（贴片或通孔）。这里根据我们的需要选择主要元件为通孔元件，并设置邻近焊盘间的导线数量为一条，如图2-114所示。

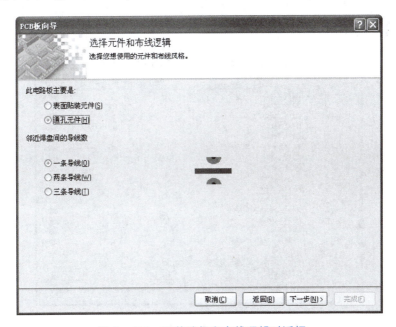

图2-114　元件选择和布线逻辑对话框

（8）单击【下一步】按钮，系统弹出默认导线和过孔尺寸设置对话框，设置最小导线的尺寸、最小过孔的尺寸、最小的间隔等，如图 2-115 所示。

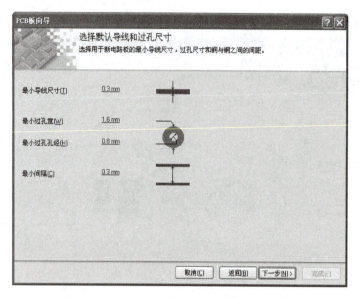

图 2-115　默认导线和过孔尺寸设置对话框

（9）单击【下一步】按钮，在弹出对话框中单击【完成】按钮，完成 PCB 向导生成设置，生成文件名为 PCB1. PcbDoc 的文件。

3. 利用 PCB 模板规划电路板

在 Protel 2004 系统中，提供了多种标准模板供用户生成标准电路板边框，具体方法如下：

（1）执行面板命令【文件】/【根据模板新建】/【PCB Templates...】，系统弹出模板选择对话框，如图 2-116 所示。

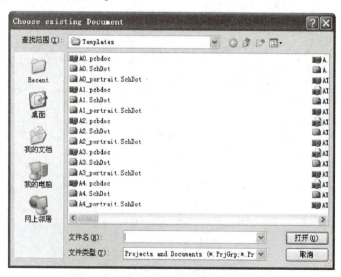

图 2-116　模板选择对话框

（2）在模板选择对话框中选择合适的模板文件，即可生成 PCB 的边框。

2.8.3 加载网络表及元件

网络表包含了元件封装信息，在加载网络表的同时装入了元件封装。由于 Protel 2004 实现了双向同步设计，在 PCB 设计中可以不生成网络表，而直接由电路原理图同步载入。操作步骤如下：

1. 编译电路原理图

必须保证 PCB 网络表的正确性，在电路原理图设计完成后，应首先编译检查电路原理图，根据编译信息检查原理图是否存在错误并修改，直到正确为止。编译电路原理图的方法在"任务 4 电气规则检查及生成网络表的 4.1 原理图设计规则检查"中已介绍。

2. 加载网络表及元件

Protel 2004 提供了两种加载网络表的方式，一是由电路原理图文件执行菜单命令【设计】/【Updata PCB Document ×××.PcbDoc】载入，二是由 PCB 文件执行菜单命令【设计】/【Import Changes From ×××.PRJPCB】载入。

（1）由电路原理图文件执行菜单命令【设计】/【Updata PCB Document ×××.PcbDoc】载入，操作步骤如下：

在电路原理图编辑器中，执行菜单命令【设计】/【Updata PCB Document 串联稳压电源.PcbDoc】，系统弹出工程变化订单对话框，如图 2－117 所示。

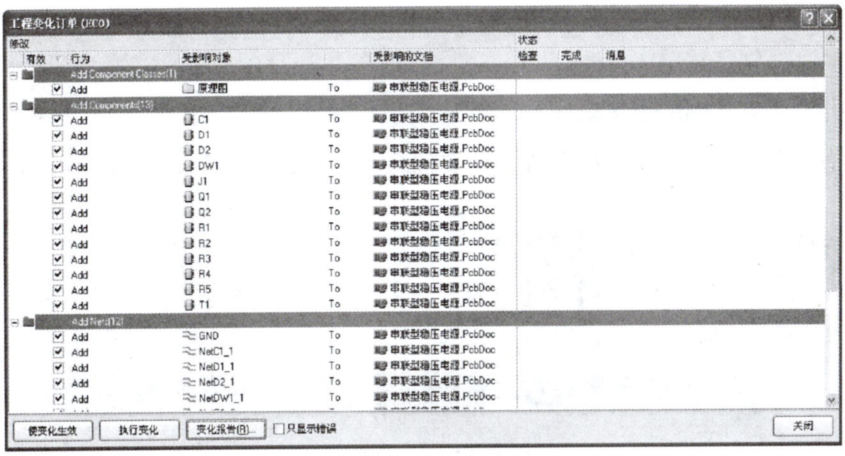

图 2－117　工程变化订单对话框

单击【使变化生效】按钮，系统逐项检查提交的修改有无违反规则的情况，并在状态栏的检查列中显示是否正确，如不正确则需要返回电路原理图进行修改。有效检查后的工程变化订单对话框如图 2－118 所示。

单击【执行变化】按钮，系统将网络表和元件载入 PCB 编辑器中。单击工程变化订单对话框中的【关闭】按钮，关闭工程变化订单对话框，即可在 PCB 编辑器中看见载入的元件和网络飞线，如图 2－119 所示。

（2）由 PCB 文件执行菜单命令【设计】/【Import Changes From ×××.PrjPCB】载入到 PCB 编辑区中，通过执行菜单命令【设计】/【Import Changes From 串联稳压电源.

PrjPCB】载入网络表和元件，后面的方法与电路原理图执行菜单命令相同。

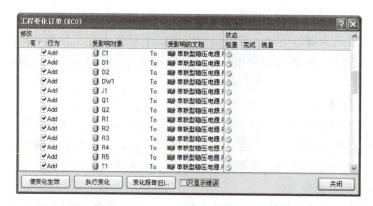

图 2 –118 有效检查后的工程变化订单对话框

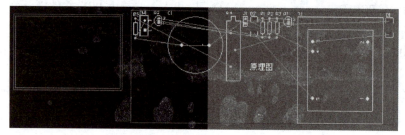

图 2 –119 加载网络表和元件后的 PCB 编辑器

2.8.4 PCB 板布局

元件布局可以采用 Protel 2004 提供的自动布局功能，然后手工调整，也可以直接手工布局元件。

1. 自动布局

（1）执行菜单命令【工具】/【放置元件】/【自动布局】，系统弹出自动布局对话框，如图 2 –120 所示。

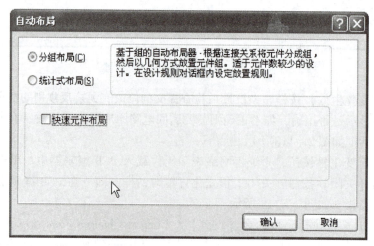

图 2 –120 自动布局对话框

（2）在自动布局对话框中提供了两种自动布局方式，每种方式均采用不同的计算、优化元件位置的方法。

分组布局（Cluster Placer），适用于元件数量较少的 PCB 设计。

统计式布局（Statistical Placer），适用于元件数量较多的 PCB 设计，该种方法使用统计算法来放置元件，使元件间采用较短的导线来连接。

2. 手工调整元件布局

自动布局后的结果可能不太令人满意，还需要用手工布局的方法，重新调整元件的布局，使之在满足电气功能要求的同时，更加优化、更加美观。手工调整元件布局，包括元件的选取、移动、旋转等操作。

（1）选取元件

Protel 2004 元件的选取方式比较丰富，易于操作。直接选取元件的方法是用鼠标单击要选取的元件，还可以使用菜单命令【编辑】/【选择】，打开元件选取菜单（如图2-121所示），选择合适选项选取元件。选项有以下几种：区域内对象（Inside Area），选取拖动矩形区域内的所有对象；区域外对象（Outside Area），选取拖动矩形区域外的所有对象；全部对象（All），选取所有对象；板上全部对象（Board），选取电路板中的所有对象；网络中对象（Net），选取某网络的组成元件；连接的铜（Connected Copper），选取通过敷铜连接的所有对象；物理连接（Physical Connection），选取通过物理连接的对象；层上的全部对象（All on Layer），选取当前工作层上的所有对象；自由对象（Free Objects），选取所有自由对象，及任何不与电路相连的对象；全部锁定对象（All Locked），选取所有锁定对象；离开网络的焊盘（Off Grid Pads），选取所有焊盘；切换选择（Toggle Selection），逐个选取对象，构成一个由选中对象组成的集合。

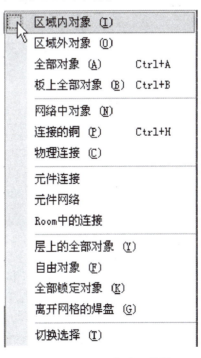

图2-121　元件选取菜单

（2）释放选取对象

释放选取对象的方法可分为直接释放和利用菜单命令释放。直接释放的方法是用鼠标单击 PCB 页面空白处即可。利用菜单命令释放的方法是，通过执行【编辑】/【取消选择】，其功能与选取对象菜单命令完全相反，如图 2 –122 所示。

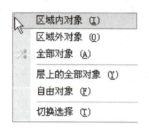

图 2 –122　释放选取对象菜单

（3）移动元件

移动元件的简单操作方法是拖动选中的元件到适当位置放下即可，另外也可以用菜单命令【编辑】/【移动】，选择选项来移动元件，如图 2 – 123 所示。选项有：移动（Move），在选取了移动对象后，选中该命令，就可以拖动鼠标，移动选取对象到合适位置；拖动（Drag），此命令与移动命令相比操作简单些，只需要单击移动对象，移动对象就会随光标移动，到合适位置单击鼠标，完成移动操作；元件（Component），与拖动命令操作方法相同，但此命令只能选择元件封装；重布导线（Re – Route），此命令用于移动元件重新生成布线；建立导线新端点（Break Track），用于打断某些布线；拖动导线端点（Drag Track End），用于选取导线的端点为基准移动对象；移动选择（Move Selection），用于将选中的多个对象移到目标位置。

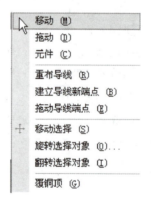

图 2 –123　移动元件菜单

（4）旋转元件

一种方法是选取对象，然后执行菜单命令【编辑】/【移动】/【旋转选择对象】，弹出旋转角度对话框（如图 2 – 124 所示），输入要旋转的角度，单击【确认】按钮，再单击鼠标确定旋转中心，完成旋转操作。

另外一种方法是，在拖动元件状态时，按空格键，每次旋转 90°，此方法在实际应用中更为方便。

图2－124　旋转角度对话框

（5）排列元件

为使布局后的电路板美观，还需要将元件排列整齐，将焊盘移到电气格点，排列元件可以使用元件位置调整工具栏，也可以执行菜单命令【编辑】/【排列】，从级联菜单中选择合适方式排列元件，如图2－125所示。元件排列位置调整方式有：排列（Align），排列对象，有水平和垂直两个方向对齐原则设置。水平排列对齐方式有无变化、左对齐、中间对齐、右对齐、等间距对齐五种方式；垂直排列对齐方式有无变化、顶端对齐、中心对齐、底端对齐、等间距排列五种方式，排列对象对话框如图2－126所示；定位元件文本位置（Position Component Text），设置元件序号及注释文字相对元件位置的设置对话框，如图2－127所示；左对齐排列（Align Left），将所有已选择元件按最左边元件对齐；右对齐排列（Align Right），将所有已选择元件按最右边元件对齐；水平中心排列（Align Horizontal Center），将所有已选择元件按水平中心线对齐；水平分布（Distribute Horizontally），将所有已选择元件按最左、右两端为端点，水平均匀分布对齐；水平间距递增排列（Increase Horizontal Spacing），将所有已选择的元件水平间距加大；水平间距递减排列（Decrease Horizontal Spacing），将所有已选择的元件水平间距减小；顶部对齐排列（Align Top），将所有已选取的元件按最顶端元件对齐；底部对齐排列（Align Bottom），将所有已选取的元件按最底端元件对齐；垂直中心排列（Align Vertical Centers），将所有已选取的元件按元件垂直中心线对齐；垂直分布（Distribute Vertically），将所有已选取元件按最顶端、底端两端元件为端点垂直均匀分布、对齐；垂直间距递增排列（Increase Vertical Spacing），将所有已选择的元件垂直间距加大；垂直间距递减排列（Decrease Vertical Spacing），将所有已选择的元件垂直间距减小；移动元件到网格（Move To Grid），将所有已选择元件移动到最近的电气格点。

图2－125　元件排列位置调整菜单　　　图2－126　排列对象对话框

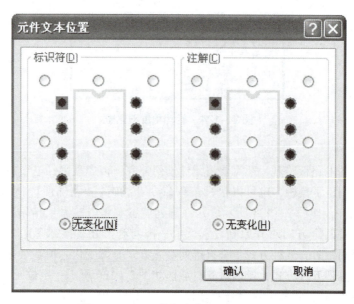

图 2 –127 元件文字位置设置对话框

（6）剪贴复制元件

简单粘贴复制：可以采用主工具栏提供的剪切、复制、粘贴实现，也可以选用菜单命令【编辑】／【剪切】、【编辑】／【复制】、【编辑】／【粘贴】等实现。

特殊性粘贴：选取某元件后复制，执行菜单命令【编辑】／【特殊粘贴】，弹出特殊粘贴对话框，如图 2 –128 所示。在该对话框内可以设置粘贴方式，方式有：粘贴到当前层（Paste on current layer），表示将对象粘贴在当前图层，但是对象的焊盘、过孔、位于丝印层上的元件标号、形状、注释保留在原工作层；保持网络名（Keep net name），表示如果元件粘贴在同一个文档中，则复制对象保持相同电气网络连接；复制标识符（Duplicate designator），表示在粘贴元件时保持原来元件的序号；加入到元件类（Add to component class），表示将粘贴元件的对象与复制对象归为同类。设置粘贴方式后，单击【粘贴】按钮将对象粘贴到目标位置。同时该粘贴对话框还提供了阵列粘贴操作，单击粘贴队列弹出设定粘贴队列对话框（如图 2 –129 所示），设定参数选择类型，单击【确认】按钮，完成阵列粘贴操作。

图 2 –128 特殊粘贴对话框

图 2 –129 粘贴队列设定对话框

（7）删除元件

删除元件可以执行菜单命令【编辑】/【删除】，然后单击要删除的元件；或选择元件，再执行【编辑】/【清除】命令；也可以直接选取要删除的元件，按 Del 键。

2.8.5　案例："串联稳压电源"的 PCB 板布局

根据 PCB 设计规范，合理对串联稳压电源 PCB 板进行布局。操作步骤如下：

（1）规划电路板

单面板，电路板尺寸为 60mm×40mm；在 PCB 板的四个角落放置四个螺丝孔，可以放置四个焊盘，也可以在禁止布线层放置四个圆，设置孔的大小为直径 3mm，孔中心距离物理边界 5mm；在禁止布线层绘制一个距离物理边框 2mm 的框，作为电气边界。

规划好的电路板如图 2－130 所示。

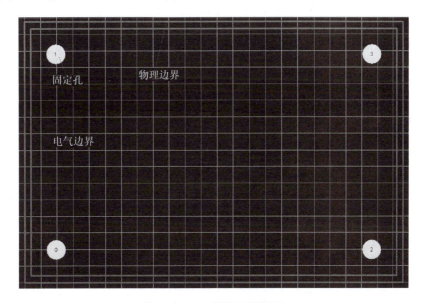

图 2－130　规划电路板图

（2）载入网络图与元件，如图 2－131 所示。

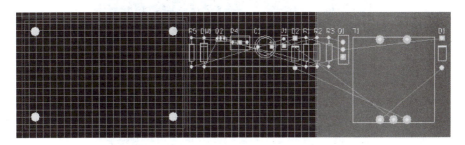

图 2－131　载入网络图与元件的 PCB 板

（3）PCB 板布局，如图 2－132 所示。

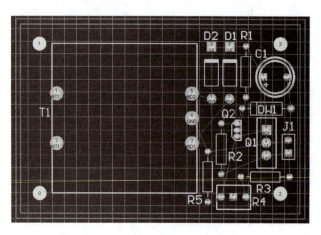

图2－132　PCB板布局图

2.8.6　技能训练：(职业技能鉴定考点七)

【操作要求】

1. 调整元件位置

打开"C：\ 2003Protel \ Unit7 \ Y7－01. PCB"文件，按照样图（如图2－133所示）放置元件。

2. 编辑元件

按照样图（如图2－133所示）编辑元件，修改元件的序号和型号等。

（1）更改所有元件序号，字体高度为90mil，宽度为5mil。

（2）更改所有元件型号，字体高度为80mil，宽度为4mil。

（3）更改所有元件封装型号，字体高度为85mil，宽度为4.5mil。

3. 放置安装孔

按照样图（如图2－133所示）在机构层1放置安装孔（Arc），半径为110mil，线宽为2mil。

将上述操作结果保存到考生文件夹中，命名为X7－01. PCB。

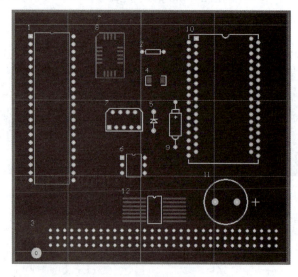

图2－133　样图

任务9   PCB 布线

2.9.1   PCB 布线规则

PCB 板布线受布局、板层、电路结构、电气性能要求等多因素影响，布线结果又影响电路板的性能，进行布线时应综合考虑各种因素，才能设计出高质量的印制电路板。PCB 布线时应遵循如下原则：

1. 一般原则

输入线和输出线应尽量避免相邻平行，不能避免时，应加大两者的距离或在两者中添加地线，以免发生反馈耦合。

同方向信号线应尽量减小平行走线距离。

印制电路板相邻两个信号层的导线应互相垂直、斜交或弯曲走线，应避免平行，以减少寄生耦合。

印制导线的宽度尽量一致，有利于阻抗匹配。

印制导线的拐弯一般选择45°斜角，或采用圆弧拐角。直角和锐角在高频电路和布线密度高的情况下，会影响电气性能。

印制导线最小宽度主要由导线与绝缘基板间的黏附强度和流过它们的电流值决定，只要允许尽可能用宽线，尤其是电源线和地线。

印制导线的间距主要由最坏情况下的线间绝缘电阻和击穿电压决定，导线越短、间距越大，绝缘电阻就越大。对集成电路而言，尤其是数字电路，只要工艺允许，可将间距做成很小，但是随着布线间距的减小，会使加工难度加大，废品率升高。

信号线高低电平悬殊时，要加大导线的间距；在布线密度比较低时，可加粗导线，信号线的间距也可适当加大。

印制导线如果需要进行屏蔽，在要求不高时，可采用印制屏蔽线，即包地处理；对于多层板，一般通过电源层、地线层的使用，既可解决电源线和地线的布线问题，又可以对信号线进行屏蔽。

2. 其他原则

（1）电源、地线的布线：尽量加宽电源线和地线，一般地线宽度大于电源线宽度，电源线、地线宽度应为1.2~2.5mm，如有可能可在2~3mm。在印制板上应尽可能多保留铜箔做地线，可以改善传输性能和屏蔽作用，并减少分布电容的作用。

（2）数字电路和模拟电路的布线：数字电路工作频率高，模拟电路敏感性强、易受干扰。模拟电路和数字电路的电源地线应分开排布，在电源入口处单点汇集，以减小模拟电路与数字电路之间的相互影响与干扰。

2.9.2   设计规则

在布线之前需要进行设计规则的设置，合理进行设计规则参数设置是提高布线质量和成功率的关键，执行菜单命令【设计】/【规则】，系统弹出布线规则设置对话框，如图2-134所示。

图 2 - 134　布线规则设置对话框

Protel 2004 有电气规则、布线规则、表面规则、阻焊层与助焊层规则、电源层规则、测试点规则、制造规则、高速电路布线规则、元件布置规则，以及信号完整性规则等十大类。

1. 电气规则

电气规则设置在布线规则设置对话框的 Electrical 根目录，主要有以下选项设置：

（1）布线安全间距（Clearance）。用于设置铜膜走线与其他对象间的最小间距，展开 Clearance 选项，如图 2 - 135 所示，在 Clearance 设置对话框右边中选择规则适用的范围第一个匹配对象的位置（Where the First）和第二个匹配对象的位置（Where the Second），在最小间距栏中输入约束数据、铜膜走线与其他对象间的最小间距，系统默认为设置整个电路板的安全间距为 10mil（0.254mm）。

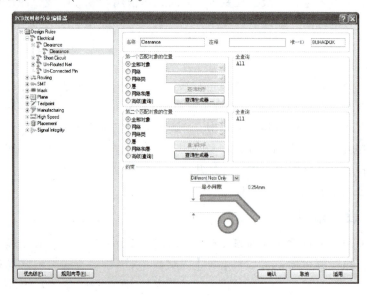

图 2 - 135　Clearance 设置对话框

（2）短路规则（Short-Circuit）。用于设置是否允许走线短路，默认设置为不允许。

（3）未布线网络（Un-Routed Net）。用于设置检查未布线网络范围，默认设置为整个电路板。

（4）未连接引脚（Un-Connected Pin）。用于设置检查未布线引脚范围，默认状态下此项无设置。

2. 布线规则

布线规则设置在布线规则设置对话框的 Routing 根目录，主要有以下选项设置：

（1）布线宽度（Width）。用于设置铜膜走线的宽度范围、推荐的走线宽度，以及适用范围等。添加设计规则的方法是用鼠标右键单击 Width 选项，弹出 Width 设置对话框（如图 2－136 所示），单击【新建规则】，生成一个新的宽度设计约束，然后对其名称、适用范围、宽度设置等进行修改，设置完成后，单击布线规则设置对话框面板，在 Width 设置中就多了一项宽度设计规则。

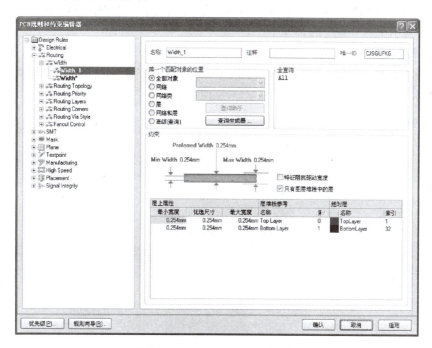

图 2－136 Width 设置对话框

（2）布线的拓扑结构（Routing Topology）。通常系统在自动布线时，以整个布线的线长最短为目标，用户可以选择 Horizontal、Vertical、Daisy－Simple、Daisy－MidDriven、Starburst 等拓扑选项，选中各选项时，相应的拓扑结构会显示在对话框中，一般默认设置为 Shortest（最短）。

（3）布线优先级（Routing Priority）。用于设置各个网络或层的优先布线顺序级别，即布线的先后顺序，先布线的网络优先权比后布线的网络优先权要高。Protel 提供了 0～100 个优先权设定，数字 0 优先权最低，数字 100 优先权最高。

（4）布线工作层（Routing Layers）。用于设置放置铜膜导线的板层，系统默认设置为双面板，顶层主要水平布线，底层主要垂直布线。如果是单面板，顶层布线方式设置为

Not Used，用于安装元件；底层布线方式设置为 Any，用于布线。

（5）布线拐角方式（Routing Corners）。用于设置布线的拐角方式，系统提供了90°拐角、45°拐角、圆弧拐角三种拐角方式。

（6）过孔类型（Routing Via Style）。用于设置自动布线过程中使用的过孔大小及适用范围。

（7）扇出控制（Fanout Control）。此项没有系统默认设置，设计人员可以自行添加。

3. 表面贴规则（SMT）

该选项是针对贴片元件电路板的设计规则，主要有如下选项位置：

（1）走线拐弯处贴片约束（SMT To Corner）。此项用于设置走线拐弯处距离贴片元件焊盘的最小间距。

（2）贴片元件到电源平面距离约束（SMT To Plane）。此项用于设置贴片元件与电源层间最小间距。

（3）贴片走线缩颈约束（SMT Neck-Down）。此项用于设置 SMD 的缩颈限制，即 SMD 的焊盘宽度与引出导线宽度的百分比。

4. 阻焊层和助焊层规则

（1）焊膜扩展（Solder Mask Expansion）。用于设置阻焊层和收缩宽度即阻焊层的焊盘孔大于焊盘的尺寸。设置对话框如图 2 – 137 所示。

图 2 – 137　Solder Mask Expansion 设置对话框

（2）助焊层规则（Paste Mask Expansion）。用于设置助焊层收缩宽度，即 SMD 焊盘与钢模板（锡膏层）之间的距离。设置对话框如图 2 – 138 所示。

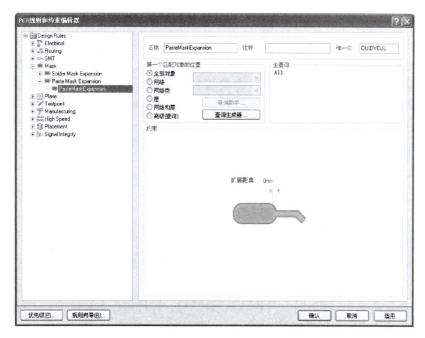

图 2 –138 Paste Mask Expansion 设置对话框

5. 电源层连接规则

（1）与电源层连接类型设置（Power Plane Connect Style）。用于设置过孔或焊盘与电源层的连接形式和适用范围等，提供了不连接（None）、直接连接（Direct Connect）、缓冲连接（Relief Connect）三种方式。设置对话框如图 2 –139 所示。

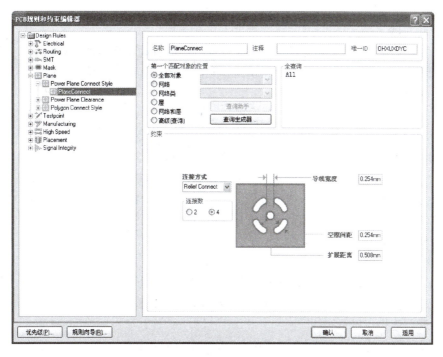

图 2 –139 Plane Connect 设置对话框

（2）与焊盘或过孔之间的间隙设置（Power Plane Clearance）。用于设置与电源层没有连接关系的过孔或焊点之间间隙设置、适用范围。

（3）敷铜连接规则（Polygon Connect Style）。此项设置与 Plane Connect 设置方式类似。

另外还有测试点规则（Testpoint）、电路板制造规则（Manufacturing）、高速电路设计规则（High Speed）、元件放置规则（Placement）、信号完整性规则（Signal Integrity），这些规则不经常使用，设置方式与上述设计规则设置类似。

2.9.3　PCB 布线

布线就是通过放置铜膜导线和过孔，将元件封装的焊盘连接起来，实现电路板的电气连接，布线的方式主要是手工交互布线和自动布线。

1. 手工交互布线

手工交互布线常用于较为简单的 PCB 设计，在手工布线前，应大致构想一下布线策略，可有效防止布线工作来回反复，并使布线完成后信号通道更加流畅，走线尽可能短。手工布线过程如下：

（1）执行菜单命令【设计】/【PCB 板选择项】，进行属性参数设置，主要设置单位、可视栅格、电气栅格、捕捉栅格等。

（2）单击 PCB 编辑器下部的【工作层转换】按钮，将当前工作层转换到底层。

（3）设置焊盘尺寸，常用直插式电阻和电容，一般单面板的焊盘尺寸设置为 2.5mm×2.5mm。

（4）执行菜单命令【放置】/【交互式布线】，启动布线操作。

（5）完成电源网络布线。

（6）完成其他网络的布线。

2. 自动布线

布线参数设置好后，就可以使用 Protel 2004 提供的自动布线器进行布线了。使用自动布线器，可以进行全局布线，也可以按网络、元件、区域等自动布线。

（1）全局布线步骤

执行菜单命令【自动布线】/【全部对象】，系统弹出自动布线设置对话框，如图 2-140 所示。

在对话框中【单击编辑规则】按钮进行布线规则设置。

单击【Route All】按钮，程序开始对电路板进行自动布线，自动布线过程中系统会弹出一个布线信息框，提示自动布线的进程，用户可以了解布线的具体情况。

自动布线的结果相对于手工布线来说存在诸多缺陷，还需要手工修改。在实际中，多采用手工布线，很少采用自动布线。

（2）对选定网络布线步骤

执行菜单命令【自动布线】/【网络】，光标变成十字形状。

移动光标，单击需要进行布线的网络飞线，即可完成该网络的布线。

（3）对两连接点进行布线

执行菜单命令【自动布线】/【连接】，光标变成十字形状。

移动光标，单击需要进行布线的两个连接点间的飞线，即可完成该两个连接点间的布线。

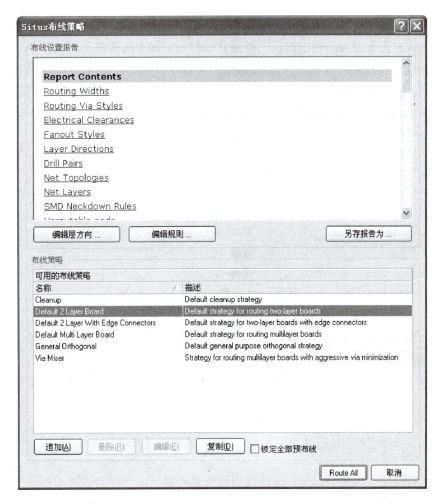

图2-140 自动布线设置对话框

(4) 对选定元件布线

执行菜单命令【自动布线】/【元件】，光标变成十字形状。

移动光标，单击需要进行布线的元件，即可完成与该元件连接点间的布线。

(5) 对选定区域布线

执行菜单命令【自动布线】/【区域】，光标变成十字形状。

移动光标，单击鼠标确定布线区域的两个对角点，即可进行该区域的网络布线。

(6) 其他布线命令

Room——对指定范围布线；

Stop——终止自动布线进程；

Reset——重新进行布线；

Pause——暂停自动布线进程；

Restart——重新开始自动布线进程。

3. 手工调整电路板

(1) 调整布线

简单的调整布线，可以直接选择交互布线工具，在不合理的布线处手工布线，系统自动删除原布线。对于较复杂的电路板，调整布线时常借助系统提供的拆线工具拆除某条或某些导线，再执行相关的自动布线方式重新布线或手工布线。执行菜单命令【工具】/【取消布线】，系统会弹出拆除布线的级联菜单，如图 2 – 141 所示。各选项功能如下：

全部对象（All）——拆除电路板所有布线；

网络（Net）——拆除选定网络的所有布线；

连接（Connect）——拆除选定的一条布线；

元件（Component）——拆除与该元件直接相连的布线。

图 2 –141　拆除布线级联菜单

（2）加宽电源和地线

为提高电路板的抗干扰能力，同时提高系统的可靠性，通常希望电源线、地线及一些流过较大电流的导线相对宽一些。加宽电源和地线，可以通过设计规则设定，也可以布线完成后通过手工修改导线的宽度属性实现。步骤如下：

执行菜单命令【编辑】/【查找相似对象】，或使用【Shift】+【F】组合键，光标变为十字形状。

移动光标单击要修改的网络，系统弹出修改操作对话框。在对话框中修改属性，单击【确定】后完成修改操作。

（3）调整标注

调整标注的目的是使元件标注号按顺序排列，使之整齐划一，更加美观。

手工调整元件标注号：通过双击元件的标注，在打开的查询列表内修改，也可以打开标注属性修改。

自动更新元件标注号：执行菜单命令【工具】/【重新注释】，系统弹出重新注释对话框（如图 2 – 142 所示），提供了五种重新注释的方式。选项 1：先按 X 坐标从左到右，再按 Y 坐标从下到上，顺序排列序号；选项 2：先按 X 坐标从左到右，再按 Y 坐标从上到下，顺序排列序号；选项 3：先按 Y 坐标从下到上，再按 X 坐标从左到右，顺序排列序号；选项 4：先按 Y 坐标从上到下，再按 X 坐标从左到右，顺序排列序号；选项 5：根据坐标位置排列序号。

更新原理图：更新序号后，为保持电路原理图与 PCB 一致，需要更新原理图。更新原理图方法如下：执行菜单命令【设计】/【Updata Schematics in ×××.PrjPCB】，系统弹出确认对话框，选择确定，系统弹出 Engineering Change Order 对话框，单击【Execute Changes】按钮，更新原理图。

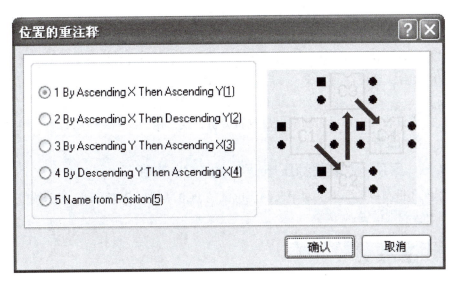

图2-142　重新注释对话框

2.9.4　设计规则检查

设计规则检查（DRC），同时可以检查 PCB 设计是否满足设计规则要求，同时可以检查出各种违反布线规则的情况，例如布线安全间距错误、宽度错误、未走线错误、长度错误，以及信号完整性错误等。设计规则检查步骤如下：

（1）完成布线设计后，执行菜单命令【工具】／【设计规则检查】，系统弹出 DRC 设置对话框，如图2-143所示。

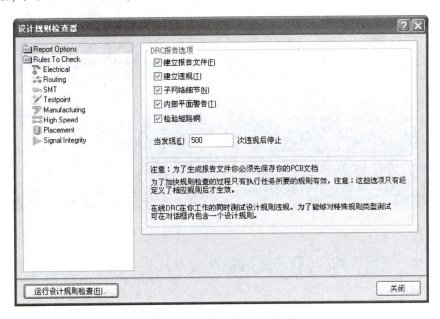

图2-143　DRC 设置对话框

（2）在 DRC 设置对话框内可以设定生成报告选项，包括：创建报告文件、创建违反规则报告、子网络详情、内电层平面警告等。

（3）单击【运行设计规则检查】按钮，系统显示需要检查的规则，选中需要进行在线检查的某项规则。

（4）检查报告选项及检查规则设置完成后，单击运行设计规则检查按钮，开始规则检查，检查结束后，系统自动生成一个后缀为 .DRC 的检查报表文件，并将错误信息提示在信息列表中。

（5）生成报表后，对报表错误信息进行分析，找出错误原因，进行修改，再进行设计规则检查，直到没有错误。

2.9.5　案例："串联稳压电源"的 PCB 布线

根据 PCB 板布线的要求，对串联稳压电源的 PCB 板进行合理布线。步骤如下：

第一步：规则设置；

第二步：自动布线或手动布线；

第三步：检查规划；

第四步：报表输出。

布线完成后的 PCB 板图，如图 2 – 144 所示。

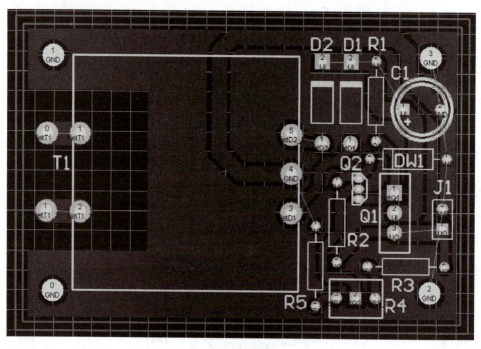

图 2 – 144　PCB 板图

2.9.6　技能训练：（职业技能鉴定考点八）

【操作要求】

1. 布线设计

（1）打开 "C：\ 2003Protel \ Unit8 \ Y8 – 01. pcb" 文件。

（2）加载 "C：\ 2003Protel \ Unit8 \ Y8 – 01. net"，用 Protel 的自动布线功能进行布线。

（3）设置自动布线线宽为12mil，双层板，Via 直径为52mil，Via Hole 直径为28mil；Pad 直径为62mil，Pad Hole 直径为30mil；Top 层垂直布线，BOTTOM 层水平布线，最小安全间距为5mil。

（4）不能自动布线的可采取手工布线，手工布线时可适当减小线宽。

2. 板的整理及设计规则检查

（1）对 NET239、NET355 和 NET619 进行适当调整，调整 NET239 的线宽为13mil，NET355 的线宽为10mil，NET619 的线宽为9mil。

（2）把 NET 343 当做地线，在 TOP 层和 BOTTOM 层加"地"填充（主要在板的四周位置）。

（3）布线，调整完毕，对整板进行设计规则检查，直到无错为止。

将上述操作结果保存到考生文件夹中，命名为 X8 - 01. pcb。最终效果如样图（图 2 -145）所示。

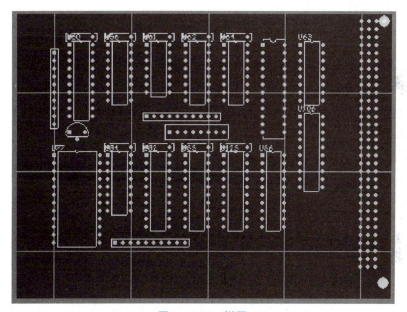

图2 -145　样图

实践练习

1. 创建"My_Sch_Lib"原理图元件库，添加 My_NPN、My_T 新元件，元件符号如图 2 -146 所示。

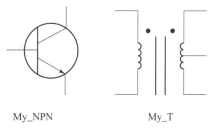

My_NPN　　　　　　My_T

图2 -146　元件的原理图符号

113

2. 绘制"串联稳压电源"原理图，如图 2 – 147 所示。

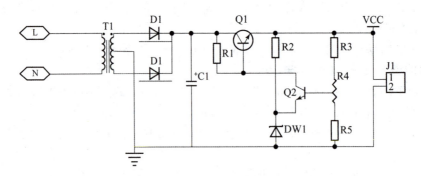

图 2 – 147　串联稳压电源原理图

（1）建好的"串联稳压电源. PrjPCB"工程文件，设置好图纸参数的"原理图. SchDoc"原理图文件；

（2）放置元件 T1、D1、D2、DW1、C1、R1、R2、R3、R5、R4、Q1、Q2、J1；

（3）参照串联稳压电源原理图，调整元器件的位置；

（4）进行原理图元件的连线；

（5）放置电源和接地符号；

（6）放置端口 L 和 N；

（7）保存画好的原理图文件；

（8）在原来原理图中添加仿真元件；

（9）设置仿真节点；

（10）设置仿真器；

（11）设置直流静态工作点分析；

（12）运行电路仿真。

项目三

电子时钟的 PCB 板设计

【项目说明】

某高校在准备单片机技能竞赛时，需要设计一批电子时钟的 PCB 板，该校电子兴趣小组同学承接了此设计任务，按照要求设计基于单片机的电子时钟 PCB 板，并将设计文档发给 PCB 板厂家，打样制作此 PCB 板。

【任务要求】

(1) 根据提供的参考资料，绘制系统整体框图和详细原理图；

(2) 根据行业规范，设计双面 PCB 板，板子大小为 110mm×80mm，采用卡槽固定，不需固定螺丝孔；

(3) 导出 PCB 板文件，发给 PCB 板生产厂家，打样 10 片 PCB 板，采用双面玻纤板，厚度 1.6mm。

【学习目标】

(1) 掌握层次原理图的绘制方法；

(2) 掌握双面板的设计流程和设计方法；

(3) 掌握电子时钟 PCB 板的设计；

(4) 掌握 PCB 板厂家打样的方法。

【能力目标】

(1) 能够科学制订双面 PCB 板设计流程（标准规范）；

(2) 能够绘制简单层次电路原理图（工欲善其事，必先利其器）；

(3) 能够合理规划、布局、布线双面 PCB 板（至善至美）；

(4) 能够打样 PCB 板（工匠精神：操作规范性）。

通过完成本项目的任务，让学生能够熟悉科学制订双面 PCB 板设计的流程，为提升双面 PCB 板的打样水平做支持。

任务 1　PCB 板设计流程

熟悉 PCB 板的设计流程，为电子时钟 PCB 板的设计制定工作计划。

3.1.1　印制电路板的设计流程

在 Protel 2004 后，所有的设计，最好在一个 PCB 项目文件中进行，如果要操作的文件不在该项目下面，可以通过添加的方式，把文件添加到该项目中再进行操作。

在进行 PCB 设计前，首先要有设计好的电路原理图，然后在 Protel 2004 的 PCB 编辑环境中新建一个 PCB 文件，根据需要设置环境参数，规划 PCB 的外形尺寸，向 PCB 文件导入网络表，最后进行元器件的布局和布线，检查设计结果，根据需求输出设计文件。整个项目设计流程如图3－1所示。

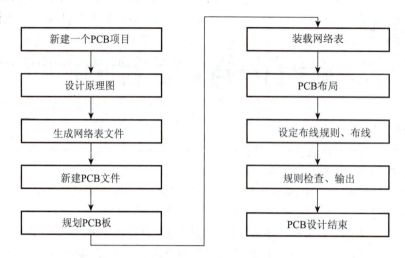

图3－1　PCB 设计流程图

（1）新建一个 PCB 项目文件：运行 Protel 2004，然后执行菜单命令【文件】/【创建】/【项目】/【PCB 项目】，新建一个 PCB 项目文件，并立即换名保存起来，文件名自行设定。

（2）在该 PCB 项目下新建一个 SCH 文件：执行菜单命令【文件】/【创建】/【原理图】，或在 PCB 项目文件上点右键，然后执行【追加新文件到项目中】/【schematic】，立即输入文件名保存。

（3）按照规范设计原理图，注意标注号的唯一性和正确性、电气连接的正确性，并保证每个元器件都有唯一且正确的封装（Footprint）。

（4）生成 PCB 项目网络表：检查无误后，在原理图设计状态下，执行菜单命令【设计】/【Netlist for project】/【protel】，生成 PCB 项目网络表。注意，生成的网络表文件是以 PCB 项目的文件名命名的。

（5）在该 PCB 项目下新建一个 PCB 文件：执行菜单命令【文件】/【创建】/【PCB】，或在项目文件上单击右键，然后执行【追加新文件到项目中】/【PCB】，立即输入文件名并保存。

（6）规划 PCB 板：在黑色 PCB 设计界面上，首先把 Keepout Layer 层切换为当前工作层，然后用绘图工具下的画线工具，把板子的边缘线（紫色）画出。接下来，可以利用双击每根线，设定它的起点和终点坐标，最终把板子的四根边缘线全部画好。在这个过程中，要用到绘图工具栏下的原点设置工具设置原点，并用 View/Toggle units 来切换公制（mm）、英制（mil）单位。

（7）装载网络表：执行菜单命令【设计】/【Import changes from...】，弹出对话框，把最下面有 Room 的选项都去掉，再点中间的【Execute Changes】，最后点【Close】退出该对话框，可以看到原理图设定的各个元器件封装出现在板子的右边（可执行菜单命令【查看】/【适合全部】）。注意：如果 PCB 文件没有保存过或 PCB 不在一个项目中，Design/Import changes from 是灰色不可操作的。

（8）自动布局：执行菜单命令【工具】/【Component placement】/【Auto placer】，选择第二种布局模式（Statistical Placer），并把"Automatic PCB Update"复选框也选上，然后单击"OK"，系统会立即进行自动布局。执行菜单命令【查看】/【适合全部】，查看全部结果，可能会发现还有一堆飞线落在板子边缘线外面，可以采用微微移动元件封装的形式让这些飞线都进入板子内。

（9）人工布局：检查所有元器件的封装是否有错漏、不合适的，如果有，可以通过双击该错的封装然后修改其footprint属性，选择正确或合适的封装，也可以通过手工添加封装的方式来解决。检查完封装后，就可以进行人工布局，手动调整元器件的位置了。一般是根据电路原理图的走向来布局的。

（10）设定布线规则：在完成布局、即将进行布线之前，必须设定布线规则，否则布线可能无法正常进行。布线规则很多，必须要设定的三大规则是：安全间距设定、线粗设定和布线层设定。执行菜单命令【设计】/【规则】，弹出来一系列规则设定项：

● 单击第一个设定项Electrical前的加号，再单击它下面的Clearance，设定安全间距，一般是0.254mm或10mil，如果允许可以再增大些；

● 单击第二个设定项Routing，用它下面的Width来设定线粗，只设蓝色的底层Bottoman Layer的就可以了，一般都要设定在0.5mm或20mil以上，三个设定值都一样即可。

● 在第二个设定项Routing中找到Ruting Layers，设定布线层仅仅是底层Bottom Layer即可，如果要设计双面板，还得设定Top Layer。

（11）人工布线或自动布线：设定好布线规则后，就可以进行布线了。手工布线的时候，要注意在布线前切换到正确的板层。如果要进行自动布线的，可以点Auto Route／All，在弹出来的布线规则可再重新调整界面下面，点Route all即可。

（12）调整：如果对手工布线或自动布线结果不满意的，可以对相关器件进行调整（移动、旋转、翻转或更换）后，再次按上法进行布线直到满意为止。对于自动布线，一般而言，如果器件没有动过的，重新自动布线后，原来的布线可能不会改动，所以，在再次自动布线前，建议把原来布好的线都删掉以便重来。

注意：在第（5）、（6）步中，新PCB文件还可以通过PCB设计向导方式来建立，用这种方法建立的空白PCB文档，相比而言也许还省事省力一些，但较为烦琐。

3.1.2　电子时钟印制电路板的设计流程

根据PCB板的设计流程，规划"电子时钟印制电路板"的设计流程如下：

第一步：在电脑硬盘上建立一个文件夹，用来保存设计文档。如：在E盘建立一个名称为"电子时钟印制电路板设计"的文件夹。

第二步：新建PCB项目文件，命名为"电子时钟"，并保存到第一步建立的文件夹中。

第三步：新建原理图文件，并命名为"电子时钟原理图"，保存到上述文件夹中。设计原理图，并保存。

第四步：生成PCB网络表。

第五步：新建PCB文件，并命名为"电子时钟PCB板"，保存到上述文件夹中。

第六步：在"电子时钟PCB板"中规划PCB板。

第七步：装载网络表。

第八步：布局，可以先采用自动布局，然后再手动调整。

第九步：设定布线规则。

第十步：布线。

第十一步：调整布线。

第十二步：检查，按要求打印输出。

任务 2　电子时钟的 PCB 板设计

根据设计要求，设计电子时钟 PCB 板，双面玻纤板，1.6mm 厚，110mm×80mm，并发电子邮件给 PCB 厂家，打样 10 片 PCB 板。

3.2.1　新建名为"电子时钟"的 PCB 项目

（1）在 E 盘新建名为"电子时钟印制电路板"的文件夹。按照 Windows 的基本操作方法，在 Windows 的资源管理器中，用右键新建文件夹，输入文件夹名称"电子时钟印制电路板"即可。

（2）从 Windows 的开始菜单，执行【开始】/【所有程序】/【Altium】/【DXP 2004】命令，运行 Protel 2004 软件。

（3）在 Protel 2004 环境中，执行菜单命令【文件】/【创建】/【项目】/【PCB 项目】，如图 3-2 所示，新建一个 PCB 项目，默认名称为"PCB_ Project1. PrjPCB"。

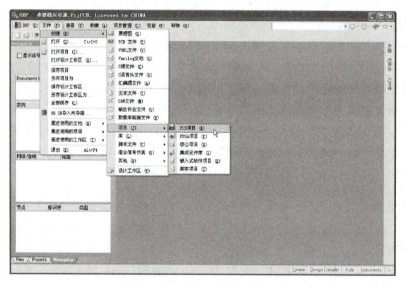

图 3-2　创建 PCB 项目

（4）执行菜单命令【文件】/【保存项目】，弹出项目保存对话框，选择好上面建立的文件夹"E：/电子时钟印制电路板"，在文件名输入框中输入"电子时钟. PrjPCB"，选择保存类型为"PCB Projects（＊. PrjPCB）"，单击保存按钮，完成了 PCB 项目的建立。如图 3-3 所示。

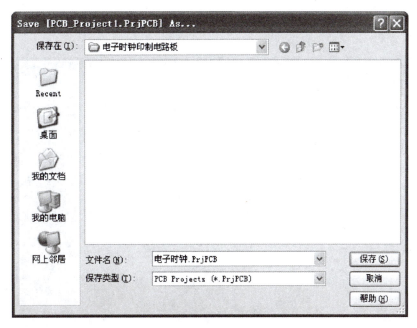

图3-3 项目保存对话框

3.2.2 设计原理图

在设计大型复杂系统的电路原理图时，若将整个电路图绘制在一张图纸上，就会使图纸变得很复杂，不利于分析和检错，同时也难于多个人协同参与系统设计。为了解决这个问题，Protel 提供了层次型电路的设计方法。为了学习这种设计方法，虽然我们的电路不复杂，但我们还是在本项目中采用层次型设计。层次型电路是将一个庞大的电路原理图分成若干个模块，且每个模块可以再分成几个基本模块。设计采用自上而下或自下而上的方法。在这里，采用自上而下的方法进行设计。具体设计步骤如下：

1. 系统总体框图设计

根据电子时钟的构成，我们可以把电路分成三个模块：单片机最小系统模块、LED 显示模块、计时模块。

（1）在 Protel 项目（Projects）工作卡中，右键"电子时钟 . PrjPCB"，弹出菜单选择【追加文件到项目中】/【Schematic】命令，如图 3 - 4 所示。新建一默认名为"Sheet1. SchDoc"的原理图文件，保存为"电子时钟原理图 . SchDoc"。

（2）设置原理图编辑环境。执行菜单命令【工具】/【原理图优先设定】，打开原理图优先设定对话框，在 Graphical Editing 选项卡中的转换特殊字符串前面打钩。如图 3 - 5 所示。

执行菜单命令【设计】/【文档选项】，打开文档选项对话框，如图 3 - 6 所示。在图纸选项卡中标准风格选择 A4；参数选项卡中设置好 DocumentNumber、DrawBy、Revision、SheetNumber、Title 等参数；单位选项卡中选择使用公制单位；完成原理图环境设置。

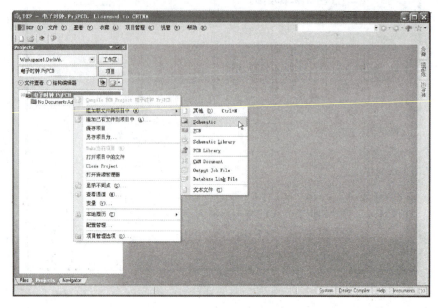

图 3 - 4　新建原理图文件命令

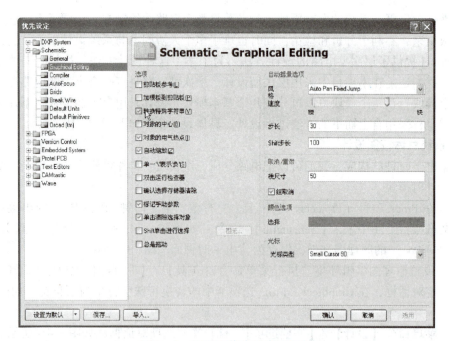

图 3 - 5　原理图优先设定对话框

图3－6 文档选项对话框

在图纸标题框中执行【放置】／【文本字符串】命令，在 Title、Number、Revision、Sheet of、Draw By 等对应位置，放置 Text，然后双击 Text，打开注释属性对话框（如图3－7所示），在属性文本框中选择相对应的选项，例如 Title 选择 "＝Title"。

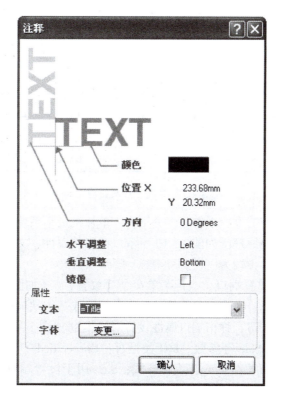

图3－7 注释属性对话框

依上面方法，同样设置其他几个 Text，完成原理图图纸的标题框设计。完成后如图 3-8所示。

Title		电子时钟			
Size	Number			Revision	
A4		01			V01
Date:	2012-6-3		Sheet of	01	
File:	E:\电子时钟印制电路板\.电子时钟原理图2.schDoc			Xiangzhijun	

图 3-8 原理图图纸的标题框

（3）执行菜单命令【放置】／【图纸符号】，在原理图中放置三个图纸符号（即三个模块）。双击图纸符号，弹出图纸符号设置对话框（如图 3-9 所示），在属性卡中设置好标识符属性、文件名属性，确认。

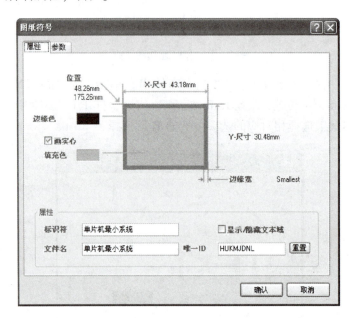

图 3-9 图纸符号设置对话框

依同样的方法设置好三个图纸符号，分别为：单片机最小系统、LED 显示模块、计时模块。设置完成后的电路原理图如图 3-10 所示。标识符属性、文件名属性可以设置为不一样，这里为便于记忆，设置为一样。

（4）在图纸符号上放置端口，执行菜单命令【放置】／【加图纸入口】，在要放置端口的图纸符号上单击鼠标，在合适位置再次单击鼠标完成一个端口的放置，重复操作完成所有端口的放置。双击端口，弹出端口属性设置对话框（如图 3-11 所示），设置端口的名称、I/O 类型、Style、Side 等参数。I/O 类型有：Unspecified（不确定）、Output（输出型）、Input（输入型）四种；Style 有八种样式；Side 用于设置端口放置在图纸符号中的方向。

LED显示模块
LED显示模块

单片机最小系统
单片机最小系统

计时模块
计时模块

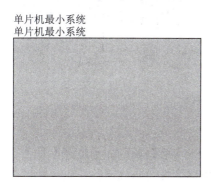 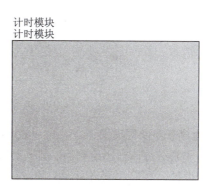

图3-10 模块电路原理图

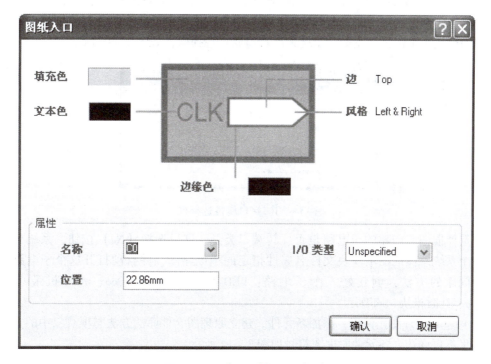

图3-11 端口属性设置对话框

完成所有的端口放置与属性设置后，将相同名称的端口连接起来，系统总体框图设计完成，如图 3 - 12 所示。

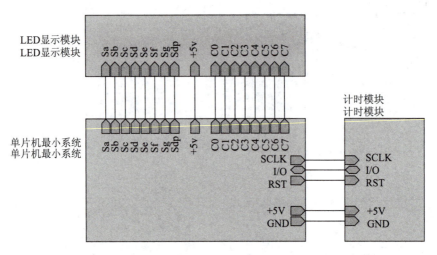

图 3 - 12　系统总体框图

2. 生成子电路原理图

在完成系统总体框图绘制后，即可以根据各个模块绘制相应的子电路原理图，实现电路的详细设计。在模块电路原理图的设计时，子电路文件与系统图各模块有严格的对应关系，其端口也一一对应。具体操作步骤如下：

（1）在系统框图编辑器中，执行菜单命令【设计】/【根据符号建立图纸】，系统进入由系统总体框图创建子电路图的状态，此时光标变成十字形状。将光标移动到要创建的子电路的模块上单击鼠标左键，系统弹出端口属性选择框，如图 3 - 13 所示。

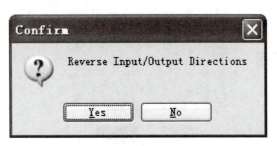

图 3 - 13　端口属性选择框

该选择框询问创建的子电路是否反转端口类型，这里选择【No】按钮，系统会自动创建一个系统总体框图中模块文件名属性指定的子电路图，并自动打开这个子电路原理图。用同样的方法，创建好三个子电路：LED 显示模块 . SchDoc、单片机最小系统 . SchDoc、计时模块 . SchDoc。

（2）建立原理图元件库，添加新元件。建立原理图元件库的方法与项目二中的方法相同，这里不再详述。各元件原理图符号如图 3 - 14 所示。

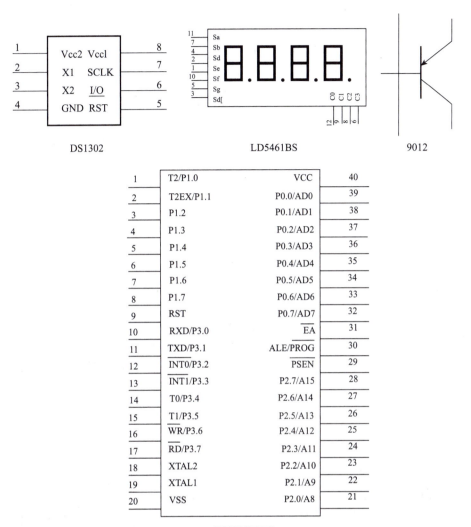

图 3 –14 元件原理图符号

（3）LED 显示模块详细原理图设计。参照项目二中原理图设计方法，设计出 LED 显示模块详细原理图，如图 3 –15 所示。

（4）单片机最小系统详细原理图设计。参照项目二中原理图的设计方法，设计出单片机最小系统详细原理图，如图 3 –16 所示。

（5）计时模块详细原理图设计。参照项目二中原理图设计方法，设计出计时模块详细原理图，如图 3 –17 所示。

3. 为特殊元件制作封装库

在设计中，有些元器件的封装，在 Protel 自带的封装库中不能找到，需要自制。在这里有以下元件的封装需要自制，可以按照项目二中的方法，建立元件封装库文件，并添加如图 3 –18 所示的元件封装。

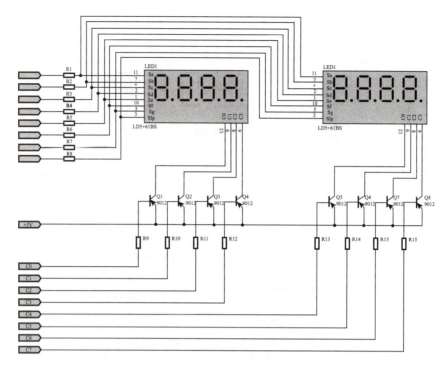

图 3-15　LED 显示模块详细原理图

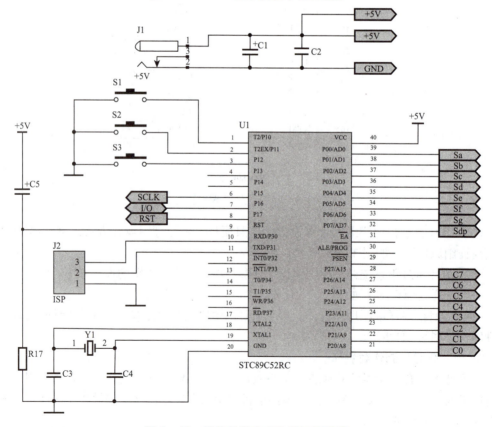

图 3-16　单片机最小系统详细原理图

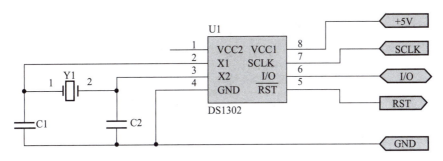

图3-17　计时模块详细原理图

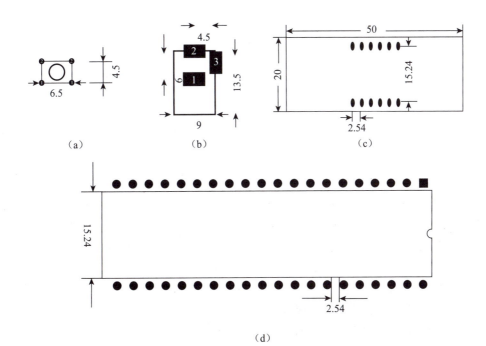

图3-18　元件封装图（单位：mm）

(a) 按钮（Button_6*6）；(b) DC 插座（DC_005）；

(c) LED 数码管（LD5461BS）；(d) STC89C52RC（DIP-40）

4. 为各元件指定封装，生成网络表

（1）在各详细原理图设计中，双击各元件，为其指定封装形式，各元件的封装如表3-1。

表3-1　元件封装形式表

模块	元件序号	封装名称	备注
LED 显示模块	R1 ~ R16	AXIAL - 0.4	
	Q1 ~ Q8	BCY - W3/E4	
	LED1、LED2	LD5461BS	自制

续表

模块	元件序号	封装名称	备注
单片机最小系统模块	J1	DC – 005	自制
	U1	DIP – 40	自制
	S1 ~ S3	BUTTON_ 6 × 6	自制
	C1	CAPPR2 – 5 × 6.8	
	C2	RAD – 0.2	
	C3、C4	RAD – 0.1	
	C5	CAPPR1.5 – 4 × 5	
	R17	AXIAL – 0.4	
	Y1	RAD – 0.2	
	J2	HDR1X3	
计时模块	U2	DIP – 8	
	Y2	BCY – W2/D3.1	
	C6、C7	RAD – 0.1	

（2）执行菜单命令【项目管理】/【Compile Document 电子时钟原理图 . SchDoc】，系统开始编译原理图电路，启动错误检查，弹出 Message 窗口显示错误信息，如果正确则没有 Message 窗口弹出。不断修改原理图直到编译没有错误。在上图中会提示有两处错误，出现在系统整体框图中有四个 +5V 的端口，把其中的一对改成 +5，再到相应的详细原理图中也修改。然后再检查则能通过检查。

（3）在系统整体框图原理图中，执行菜单命令【设计】/【设计项目的网络表】/【Protel】，系统自动生成一个网络表文件，名称为"电子时钟 . Net"。

3.2.3 设计 PCB 板

1. 创建 PCB 文件

执行菜单命令【文件】/【创建】/【PCB】，系统生成 PCB1. PcbDoc 的文件，更名保存为"电子时钟 PCB 板 . PcbDoc"。

2. 设置 PCB 设计环境，规划电路板

（1）设置好坐标原点，在机械层 1（Mechanical1）上绘制一矩形框作为电路板的物理边界，在此设置物理边界为 110mm × 80mm，设置完成后如图 3 – 19 所示。

（2）为了防止元件与铜膜导线距离板边界太近，需设定电路板的电气边界，限制元件布局、铜膜走线在此范围内。绘制方法：在 Keep – out Layer 层，绘制一个距离物理边界一定距离的矩形框。电气边界比物理边界小，在这里设置一个距离物理边界 1mm 的框，作为电气边界，如图 3 – 20 所示。

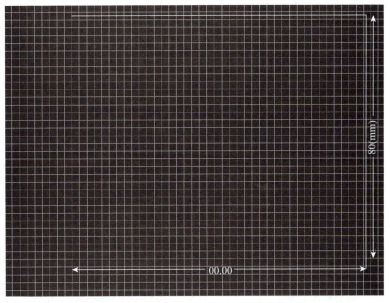

图3-19 绘制物理边框

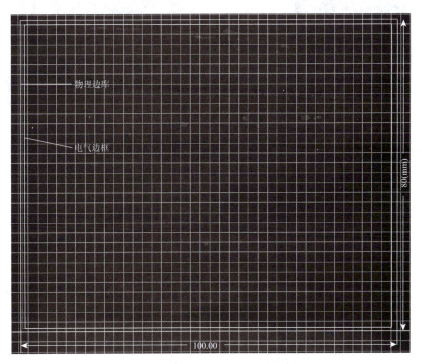

图3-20 电气边界与物理边界

3. 加载网络表及元件

在电子时钟原理图文件上，执行菜单命令【设计】/【Updata PCB Document 电子时钟 PCB 板 . PcbDoc】，如图3-21所示。弹出工程变化订单对话框，如图3-22所示。单击使变化生效、执行变化按钮，载入网络表及元件到电子时钟 PCB 板 . PcbDoc 文件中。载入命令和载入后结果如图3-23所示。

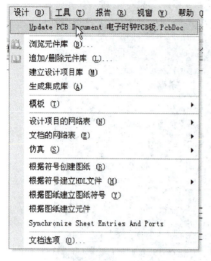

图 3-21　载入网络表菜单命令

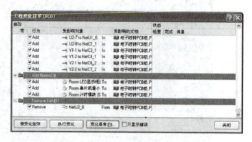

图 3-22　工程变化订单对话框

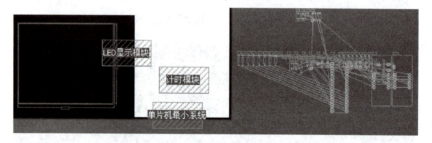

图 3-23　载入网络表和元件的 PCB 板图

4. 元件布局

元件布局可以采用 Protel 2004 提供的自动布局功能，然后再手工调整，当然也可以直接手工布局。这里采用先自动布局后手工调整。

（1）自动布局。执行菜单命令【工具】／【放置元件】／【自动布局】，如图3-24所示。系统自动弹出自动布局对话框，如图3-25所示，选择分组布局，单击【确认】按钮，完成自动布局，自动布局后的结果如图3-26所示。

图 3-24　自动布局菜单命令

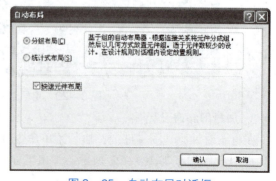

图 3-25　自动布局对话框

（2）手工调整。从图3－26可以看到，自动布局之后的效果不尽如人意，还需要手工调整。通过采用选取、移动、旋转等操作，使布局更加优化、美观。经手工调整后的PCB布局如图3－27所示，供参考。

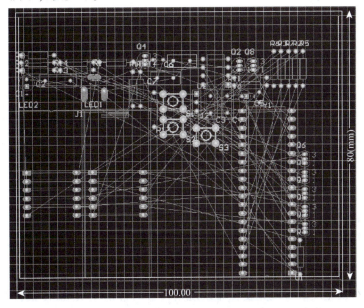

图3－26　自动布局完成后的结果

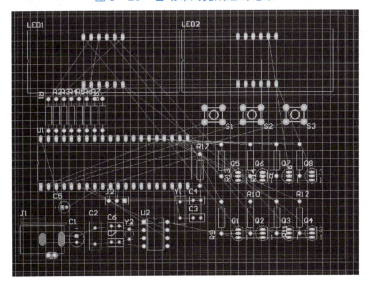

图3－27　手工布局后的PCB板图

5. 设置布线规则

为了提高布线的质量和成功率，在布线之前需要进行设计规则的设置，通过执行菜单命令【设计】／【规则】，打开设计规则对话框。在本例中主要进行设置的设计规则有：

（1）布线安全距离。用于设置铜膜走线与其他对象间的最小间距，在设计规则对话框中的 Electrical 根目录下的 Clearance 选项中，设置最小间隙（最小安全距离），这里我们设定为0.5mm（约20mil），单击【确认】即可。如图3－28所示。

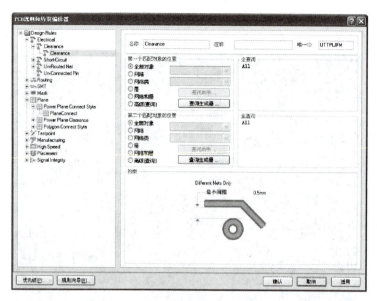

图 3 –28　布线安全间距设置对话框

（2）设置布线宽度。布线宽度在布线规则设置对话框中 Routing 根目录下的 Width 选项，如图 3 –29 所示。用于设置铜膜走线的宽度范围、推荐的走线宽度，以及适用的范围。在本例中设置网络节点 +5V；GND 的最小线宽和优先尺寸为 1mm，最大宽度为 2mm；其他的最小线宽和优先尺寸为 0.5mm，最大宽度为 1mm。注意设置时 Top Layer 层和 Bottom Layer 层都要设置。

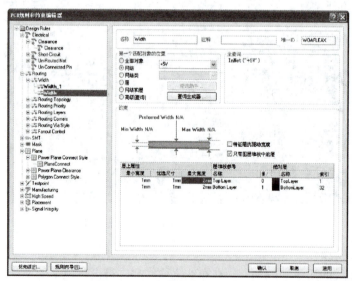

图 3 –29　布线宽度设置对话框

（3）布线工作层设置。用于设置放置铜膜导线的板层，在布线规则设置对话框中 Routing 根目录下的 RoutingLayers 选项。在本例中采用双面板设计，有效层有 TopLayer 和 BottomLayer 两层。如图 3 –30 所示。

图3-30 布线工作层设置对话框

（4）布线拐角方式设置。布线宽度设置对话框，用于设置布线的拐角方式，在布线规则设置对话框中 Routing 根目录下的 Routing Corners 选项中。在本例中选择圆弧拐角风格，如图3-31所示。

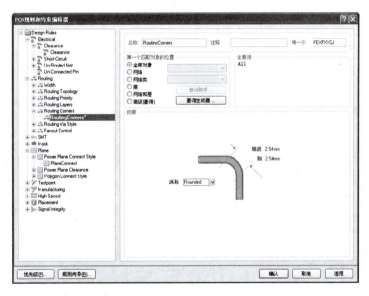

图3-31 布线拐角方式设置对话框

（5）过孔类型设置。用于设置自动布线过程中使用的过孔大小及适用范围。在布线规则设置对话框中 Routing 根目录下的 Routing Vias 选项中，设置如图3-32所示。

133

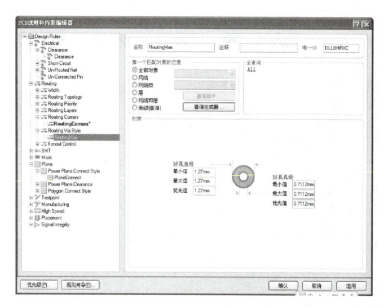

图 3-32　过孔类型设置对话框

（6）其他的规则设置。可以参考项目二中的介绍自行设置，也可以利用系统的默认值。

6. 布线

布线就是通过放置铜膜导线和过孔，将元件封装的焊盘连接起来，实现电路板的电气连接。布线方式主要有手工交互布线和自动布线。在实际中多采用手工交互布线，在这里我们先采用自动布线，然后再手工调整。

（1）自动布线。执行菜单命令【自动布线】/【全部对象】，系统会自动完成布线工作，完成后如图 3-33 所示。

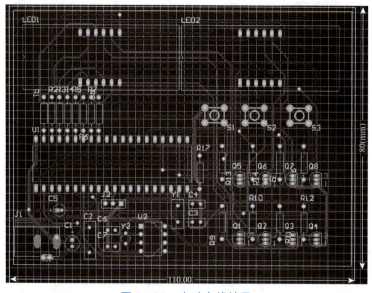

图 3-33　自动布线结果

（2）手工调整。自动布线完成后，有些地方不太完美，需要进一步进行手工调整。手工调整后如图3-34所示。

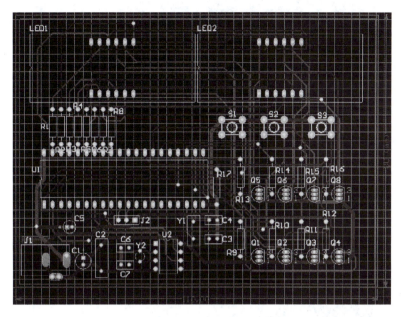

图3-34 手工调整后布线图

（3）对空余地方进行敷铜，以提高抗干扰能力。敷铜可以采用菜单命令【放置】/【敷铜】，弹出敷铜对话框，如图3-35所示。设置好填充模式、层、连接到网络等属性后，单击【确认】，光标变成十字形状，单击鼠标左键，在需要敷铜的区域围成一个多边形圈，这样系统会自动完成敷铜操作。

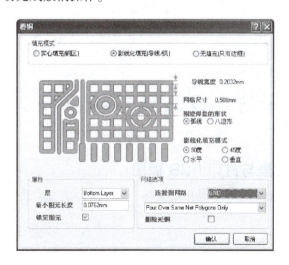

图3-35 敷铜对话框

按照以上的敷铜方法，分别在顶层和底层敷铜后，结果如图3-36和图3-37所示。

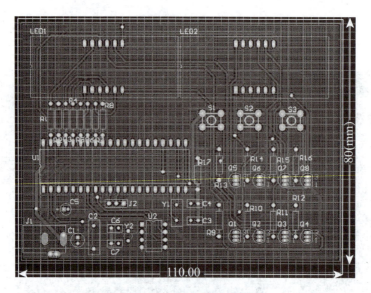

图 3 –36　顶层敷铜后效果图

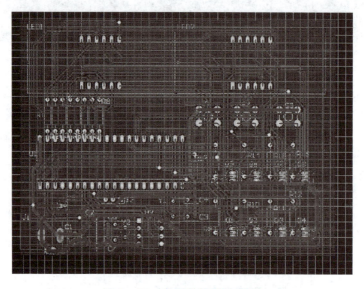

图 3 –37　底层敷铜后效果图

3.2.4　生成报表与打印 PCB 板图

PCB 设计完成后，需要生成各种报表文件，为用户提供有关设计过程及设计内容的详细资料。

1. 生成电路板信息报表

执行菜单命令【报告】/【PCB 板信息】，系统弹出 PCB 板信息对话框（如图 3 – 38 所示），有一般、元件、网络三个选项卡。

2. 生成元器件清单

元器件清单功能用来整理一个电路板或一个项目中的元件，形成一个元件材料清单，便于用户查询和元件购买。执行菜单命令【报告】/【Bill of Materials】，系统弹出图 3 –39 所示的 PCB 元件清单生成对话框，在该对话框中设置输出的元件清单文件格式。在这里我们输出 Excel 格式，单击 Excel 按钮，系统会自动将元件清单导入到 Excel 表中。

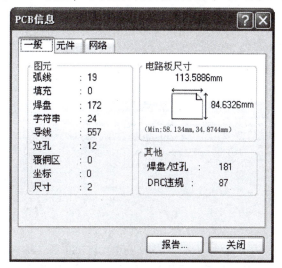

图 3-38 PCB 板信息对话框

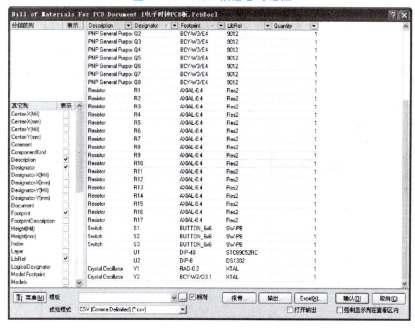

图 3-39 PCB 元件清单生成对话框

3. 生成其他文档

为了制板，还需生成底片文档、数控钻孔文档等。平时设计 PCB 板时，不需要生成，只是 PCB 生产厂家在生产 PCB 时才需要。

（1）生成底片文档（Gerber Files）。执行菜单命令【文件】/【输出制造文件】/【Gerber Files】，弹出光绘文件设定对话框，如图 3-40 所示，对话框有一般、层、钻孔制图、光圈、高级等选项卡，根据要求设定参数后，单击【确认】按钮即可生成底片文档。

图3-40　光绘文件设定对话框

（2）生成数控钻孔文档。数控钻孔文档用于提供制作电路板时，可直接用于数控钻孔机所需的钻孔资料。执行菜单命令【文件】／【输出制造文件】／【NC Drill Files】，弹出 NC 钻孔设定对话框，如图3-41所示，选择好参数，单击【确认】按钮即可生成数控钻孔文档。

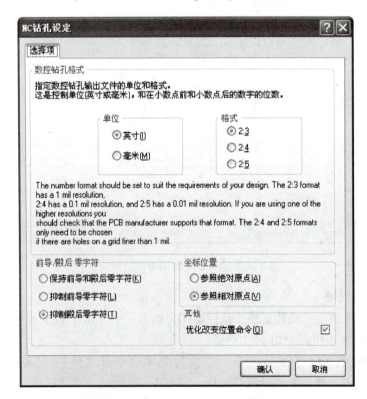

图3-41　NC 钻孔设定对话框

4. 打印印制电路板图

在完成 PCB 设计后，为了便于焊接元件和存档，还需要将 PCB 打印输出。有时需要手工制作 PCB 板也需要打印输出。

（1）页面设置。执行菜单命令【文件】/【页面设置】，系统弹出图 3 - 42 所示页面设置对话框。

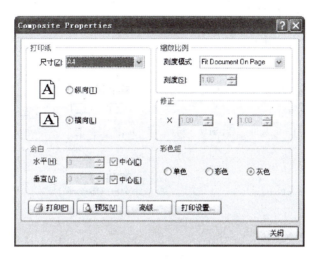

图 3 - 42　页面设置对话框

（2）在对话框内进行图纸页面选择，设定输出比例模式及比例，并设置打印机。注意，如要手工制作 PCB，比例应选择 1∶1。

（3）在高级选项中，还可以进行打印图层设置，如图 3 - 43 所示。

图 3 - 43　打印图层设置对话框

（4）打印机设置。在页面设置对话框中单击【打印设置】则可以进入打印机设置对话框。或者执行菜单命令【文件】／【打印】也可进入，如图 3 - 44 所示。

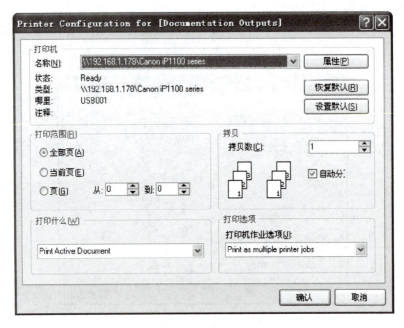

图 3 - 44　打印机设置对话框

（5）打印预览。单击页面设置图中的【预览】按钮，则可对打印的图形进行预览。

（6）打印。设置完毕后，单击【打印】按钮，即可打印输出 PCB。

3.2.5　电子邮件 PCB 板设计文件给 PCB 生产厂家，打样 PCB 板

（1）PCB 板设计文件。打开 Windows 资源管理器，找到文件夹，找到 PCB 板设计文件，本例中放在"E：\ 电子时钟印制电路板"文件夹下，"电子时钟 PCB 板 . PcbDoc"文件就是 PCB 板设计文件，有了这个文件就能制作出 PCB 板。

（2）撰写电子邮件，发邮件给 PCB 生产厂家，打样 PCB 板。找到 PCB 生产厂家的邮件地址，撰写邮件，把"电子时钟 PCB 板 . PcbDoc"文件作为邮件附件，可在正文中说明打印 PCB 板的材质、数量、板厚等信息。在本例中要求制作 1.6mm 厚的玻纤板 10 片。发送邮件，一般厂家在收到邮件后，会确认制作 PCB 样板。

任务 3　实例训练

职业技能抽查标准模块二样题：PCB 板设计试题（双面）

3.3.1　任务说明

根据提供的电路原理图样图（如图 3 - 45 所示）和所给出产品的设计参数、工作环境和适用范围等指标，按照 PCB 板布局、布线的基本原则，合理的设计出双面 PCB 板。

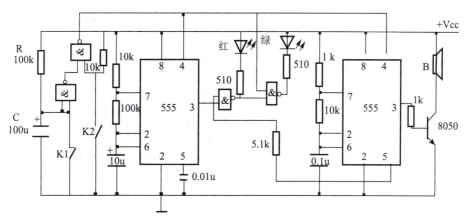

图 3-45　电路原理图样图

3.3.2　任务要求

（1）参照 PCB 工艺要求绘图。

（2）PCB 尺寸 100mm × 70mm。

（3）双面板布线。

（4）输出 5V 和 GND 线宽 30mil，其他线宽 15mil。

3.3.3　设计环境说明

（1）软件平台：Protel 99 SE、Altium 2004 等。

（2）设备、工具、材料：

● 计算机：P4 以上 CPU、40G 以上硬盘、512M 以上内存、17 寸以上显示器

● 游标卡尺：量程 150mm

3.3.4　主要参考资料

（1）发光二极管（原理图符号和封装如图 3-46 所示）。

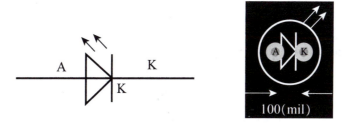

图 3-46　发光二极管原理图符号和封装

（2）三极管 8050（原理图符号和封装如图 3-47 所示）。

（3）74LS00（原理图符号如图 3-48 所示），采用标准的 DIP14 封装。

（4）开关（原理图符号和封装如图 3-49 所示）。

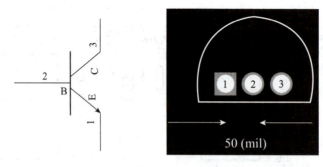

图 3 –47　三极管 8050 的原理图符号和封装

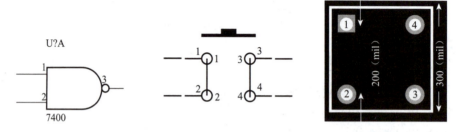

图 3 –48　74LS00 原理图符号　　　　图 3 –49　开关原理图符号和封装

3.3.5　注意事项

（1）开机前先接电源、开外设，最后开主机。

（2）不能带电插拔外设及主机。

（3）重要数据要随时备份，以防计算机发生故障数据丢失。

3.3.6　实施步骤（提示）

（1）在 "D：\ EXAM" 创建项目设计文件，格式为：学号姓名 . PcbPrj。

（2）创建原理图文件，＊. SchDoc，设置原理图图纸 A4 格式。

（3）创建原理图库文件，＊. SchLib，添加需要自制的原理图元件符号。

（4）在原理图文件中放置元件，设置各元件的属性，并合理布局。

（5）原理图连线、调整，完成原理图的设计。

（6）检查原理图，生成网络表。

（7）创建 PCB 封装库，添加需要自制的封装库元件。

（8）创建 PCB 文件，＊. PcbDoc，设置 PCB 板尺寸、布线层等。

（9）载入网络表，放置元件封装到 PCB 文件。

（10）规范合理、正确布局元件封装。

（11）设置布线规则。

（12）完成布线。

（13）设计规则检查，生成报表。

（14）整理设计文档。

实践练习

1. 新建项目文件，命名为学号 + 姓名，并绘制出如图 3 –50 的库元件。所有文件等均应保存在该项目文件下；

2. 建立一个新的 PCB 库文件，并将该新建立的 PCB 库文件命名为 PXK2，元件封装如图 3-51 所示；

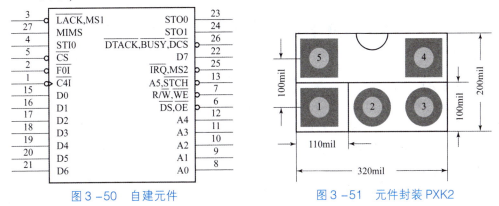

图 3-50 自建元件

图 3-51 元件封装 PXK2

3. 原理图尺寸、选项要求：A4；设定捕获网格为 10mil；设定可视网格大小为 10mil；电气捕获范围 4mil；

4. 原理图设计要求：原理图如图 3-52 所示，原理图布局居中；元件符号使用、标注正确；无重复标注、无元件摆放重叠；线路绘制正确；接点无遗漏；

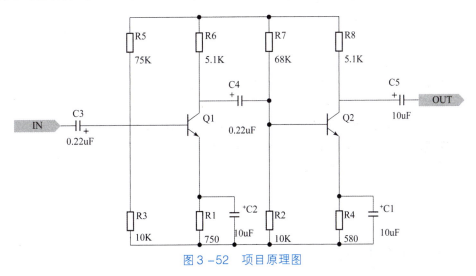

图 3-52 项目原理图

5. PCB 板布线设计要求最小铜膜走线的宽度为 10mil，电源线和地线的铜膜走线宽度为 20mil；

6. PCB 板设计要求：元件封装定义准确，元件布局合理，无漏线，无重叠布线，焊盘补泪滴。

项目四

U 盘的 PCB 板设计与制作

【项目说明】

某职院的学生在大学学习期间，经常遇到要保存资料，而到电脑城购买 U 盘虽然是可以做到的，但该学院电子兴趣小组同学表示能设计制作，因此学院委派了此设计任务，电子兴趣小组需要按照要求设计并制作 U 盘，以满足学院学生的学习需求。

【任务要求】

(1) 根据提供的参考资料，绘制详细原理图；

(2) 根据行业规范，设计 45mm×15mm 双面 PCB 板，采用固定螺丝孔。

【学习目标】

(1) 掌握原理图的绘制方法；

(2) 掌握 PCB 板的设计流程和设计方法；

(3) 掌握 U 盘 PCB 板的设计方法；

(4) 掌握 PCB 板制作工艺。

【能力目标】

(1) 能够绘制详细电路原理图（精益求精）；

(2) 能够创建非标准元件封装（细节决定成败）；

(3) 能够绘制一般双面 PCB 板（追求卓越）；

(4) 能够操作 PCB 板生产设备并制作 PCB 板（爱岗敬业）。

通过完成本项目的任务，让学生能够绘制详细电路原理图，为进一步提升 PCB 板的设计能力和操作 PCB 板生产设备做支撑。

任务1　PCB 板的设计

4.1.1　原理图设计

根据 U 盘电路设计资料可知，U 盘电路主要由 U 盘供电模块、滤波电容电路模块、存储模块、接口电路、连接器及开关电路等构成。我们按照原理图，采用模块设计的方式对每一个模块进行设计，即将一模块电路完整绘制好后，再绘制下一模块。

1. U 盘供电模块的绘制

(1) 按照从左到右的绘图顺序，从 "Miscellaneous Devices. Lib" 库中分别选择普通电容元件和极性电容，双击鼠标。使用【Tab】键，在出现的对话框中，将 Value 分别改为相应的值，注意微法用 μ 来表示。

(2) 选择 "Libraries" 面板，在自建库中选择供电模块 AT1201，双击该元件，将其放置在原理图中。

（3）单击 Wiring Tools 工具栏中的电源和接地图标，分别放置电源和接地，其中电源需在浮动状态下按【Tab】键或放置后双击该元件，将其属性对话框中的 Net 项改为VUSB。而接地的名称注意要写上 GND，其"Show Net Name"复选框要去掉，即隐藏该名称。

（4）在工作区单击右键，在出现的对话框中选择 Place，再选择 Wire，光标变成十字形。单击鼠标左键确定导线的起点，在导线的终点处单击鼠标左键确定终点，分别将各个元件的导线连接。

绘制完成的 U 盘供电模块电路如图4-1所示。

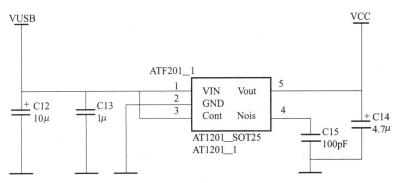

图4-1　U盘供电模块电路

2. U盘滤波电容电路的绘制

（1）在"Miscellaneous Devices. Lib"库中分别选择一个电容元件，双击鼠标。使用【Tab】键，在出现的对话框中，将 Value 改为 $1\mu F$。

（2）选中该电容，使用快捷键【E/C】或单击 Schematic Standard 工具栏中复制按钮，选好元件的位置，执行快捷键【E/P】或单击菜单中"Edit/Smart Paste"命令，弹出 Smart Paste 对话框，在该对话框右侧勾选"Enable Paste Array"复选框，在下面的文本框中设置粘贴的个数为5，即 Columns 中的 Count 的值为5，水平间距为30，即 Space 为30，Row 中 Count 的值为1，Space 为0。设置完成后，单击【OK】。

（3）单击 Wiring Tools 工具栏中的电源和接地图标，分别放置电源和接地。

（4）执行快捷键【P/W】，光标变成十字形。单击鼠标左键确定导线的起点，在导线的终点处单击鼠标左键确定终点，分别将各个电容的导线连接。

绘制完成的 U 盘滤波电容电路如图4-2所示。

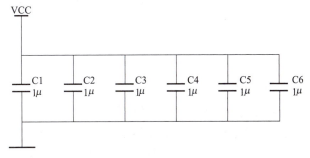

图4-2　U盘滤波电容电路

3. U 盘存储模块的绘制

（1）选择"Libraries"面板，在自建库中选择存储模块 K9F080U0B，单击【place】，将其放置在原理图中。使用快捷键【P/P】或到"Miscellaneous Devices. Lib"库中分别放置电容元件、电阻元件等。如需设置元件属性，在放置状态使用【Tab】键或放置到图纸上后双击要修改的元件，进行相应修改。

（2）元件布局，根据所给原理图，对元件进行布局。

（3）单击 Wiring Tools 工具栏中的电源和接地图标，分别放置电源和接地，注意接地的名称要写上 GND。

（4）单击 Wiring Tools 工具栏中的连线图标，光标变成十字形。单击鼠标左键确定导线的起点，在导线的终点处单击鼠标左键确定终点，分别将 U 盘供电模块的导线连接，注意将需要放置网络标号的引脚用导线引出。

（5）单击 Wiring 工具栏中的 Net 图标，移动光标到需要放置网络标号的导线上，按【Tab】键，在出现的对话框中的 Net 中填写 SMD－RDY，单击【OK】，当出现红色交叉标志时，单击完成放置。此时光标仍处于放置网络标号的状态，重复上述操作分别填写 SMD－RE 等内容，放置其他的网络标号，所有网络标号放置完毕后，右击退出。

绘制完成的 U 盘存储模块电路如图 4－3 所示。

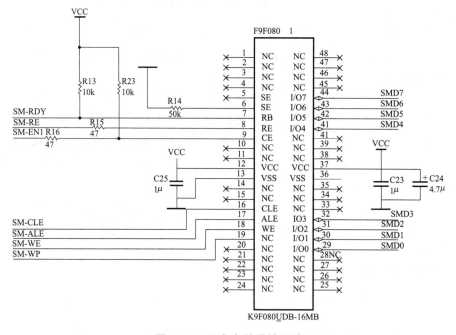

图 4 –3　U 盘存储模块电路

4. U 盘接口电路的绘制

本图采用先放置核心器件，再围绕核心器件按照从左至右、从上至下的顺序布局。

（1）在工作区执行快捷键【P/P】，出现放置元件属性对话框。在该对话框的 Physical Component 中填写自建库 IC1114 的名称，分别填写流水号 Designator 等。填写完毕后，单击【OK】。在图纸合适位置放置该元件，放置后再依次放置其他元件。

（2）根据所给原理图，对元件进行布局。

（3）单击 Wiring Tools 工具栏中的电源和接地图标，分别放置电源和接地，其中电源需在浮动状态下按【Tab】键或放置后双击该元件，将其属性对话框中的 Net 项改为 VUSB。而接地的名称注意要写上 GND，其"Show Net Name"复选框要去掉，即隐藏该名称。

（4）执行快捷键【P/W】，光标变成十字形。单击鼠标左键确定导线的起点，在导线终点处单击鼠标左键确定导线的终点。

（5）执行快捷键【P/N】，光标变成十字形且带有一个初始标号为"Net Label1"随光标浮动，按【Tab】键，在出现的对话框中的 Net 中填写名称，单击【OK】，当出现红色交叉标志时，单击完成放置。对于纵向的网络标号，按【空格】键可改变其方向，当出现红色交叉标志时，单击即可完成放置。此时光标仍处于放置网络标号的状态，重复操作即可放置其他的网络标号，右击即可退出。

绘制完成的 U 盘接口电路如图 4-4 所示。

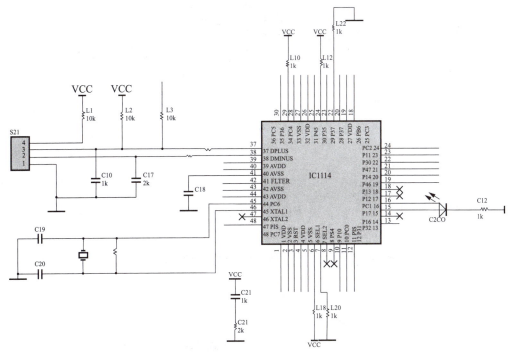

图 4-4　U 盘接口电路

5. U 盘连接器及开关电路的绘制

在"Miscellaneous Devices. Lib"库中选择连接器 Header6 和开关元件 SW-SPDT，双击鼠标，将该元件放置在图纸中，注意开关元件 SW-SPDT 需要进行浮动状态下的 Y 镜像。工作区执行快捷键【P/P】，连接导线，完成相关设计，绘制完成的 U 盘连接器及开关电路分别如图 4-5 和图 4-6 所示。

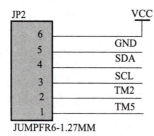

图4-5　连接器 Header6

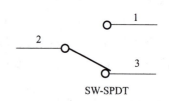

图4-6　开关 SW

6. 合理布局各模块

如果图纸整体布局位置需要调整，可采用选取某一模块，整体移动或剪切粘贴。如图4-7所示，将鼠标放在选中的图形中央位置，按住左键，拖动鼠标即可整体移动。

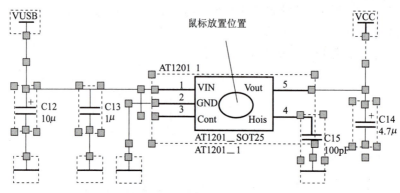

图4-7　整体选取移动

7. 添加注释

（1）单击添加说明文字。

（2）当出现浮动的 Net1 后，按【Tab】键，出现注释属性对话框，如图4-8所示，在该图中将 Net1 改为"U 盘电路原理图"。

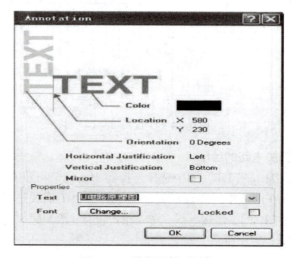

图4-8　注释属性对话框

单击该对话框中的 Change System Fonts 按钮，选择字体大小为 28，字体选默认值。单击【OK】保存退出。

8. 保存

单击 "file/save"，保存原理图文件和项目文件。最后得到 U 盘整机原理设计图如图 4-9 所示。

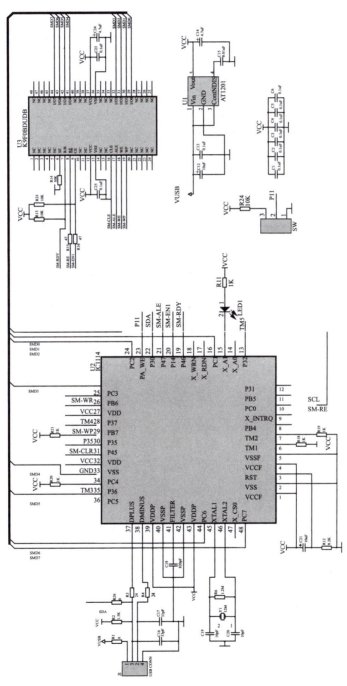

图 4-9 U 盘整机原理设计图

4.1.2 PCB 板设计

由于 U 盘体积非常小巧，电路板面积很小，因此电路板中的元件绝大部分采用 SMD 元件，以节省电路板面积。参考元件供应商提供的技术和封装参数，确定合适的元件封装。

一、元件封装的指定

U 盘的电路原理图如图 4 - 9 所示，该电路主要有核心元件 U1 电压转换器、U2 控制器、U3 存储器和写保护 SW1 组成，本产品元器件属性表见表 4 - 1。

表 4 - 1 U 盘电路元件属性表

序号	元件类型	封装名	封装库
1	电阻	C1005 - 0402	Miscellaneous Devices. IntLib
2	普通电容 C	C1005 - 0402	
3	发光二极管	DSO - F2/D6. 1	
4	有极性电容	CC1608 - 0603	Chip Capacitor - 2 Contacts. PcbLib
5	U1（AT1201）	SO - G5/Z3. 6	SOT 23 - 5 and 6 Leads. PcbLib
6	U2（IC1114）	F - QFP7X7 - G48/X. 3N	FQFP（0. 5mm Pitch，Square） - Corner Index. PcbLib
7	U3（K9F080U0B）	TSSO12X20 - G48/P. 5	TSOP（0. 5mm Pitch）. PcbLib
8	SW1	自制	自制
9	USB 接头 J1	自制	自制
10	晶振 Y1	自制	自制

【封装说明】

1. AT1201 的封装

网上查询 AT1201 芯片的中文资料，得到如图 4 - 10 所示信息：

经过数据分析，得到 AT1201 的封装（封装名为 SO - G5/Z3. 6）。

2. IC1114 封装

网上查询 IC1114 芯片的中文资料，得到如图 4 - 11 所示信息：

经过数据分析，得到 IC1114 的封装（封装名为 F - QFP7X7 - G48/X. 3N）。

3. USB 接头 J1

利用游标卡尺测量实物后，自制得到它的封装，如图 4 - 12 所示。

4. 写保护开关 SW1

利用游标卡尺测量实物后，自制得到它的封装图如图 4 - 13 所示。

Small Outline SOT-25

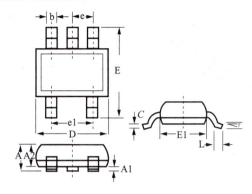

SYMBOL	INCHES		MILLIMETERS		NOTES
	MIN	MAX	MIN	MAX	
A	0.035	0.057	0.90	1.45	—
A1	0.000	0.006	0.00	0.15	—
A2	0.035	0.051	0.90	1.30	—
b	0.010	0.020	0.25	0.50	—
C	0.003	0.008	0.08	0.20	—
D	0.110	0.122	2.80	3.10	—
E	0.102	0.118	2.60	3.00	—
E1	0.059	0.069	1.50	1.75	—
L	0.014	0.022	0.35	0.55	
e	0.037ref		0.95ref		
e1	0.075ref		1.90ref		
r	0^0	10^0	0^0	10^n	

图 4－10　AT1201 尺寸参数图

IC1114-F48LQ	7mm×7mm×1.4mm LQFP

图 4－11　IC1114 尺寸参数图

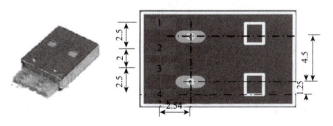

图 4－12　USB 接头 J1 外形及封装图（单位：mm）

 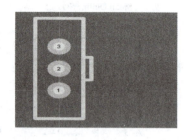

图 4 −13　SW1 外形及其封装图

5. 晶振 Y1

该晶振为圆柱体，采用卧式封装，自制得到它的封装图如图 4 − 14 所示。

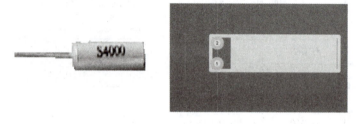

图 4 − 14　晶振外形及其封装图

二、PCB 尺寸形状确定

必须根据元件的多少、大小以及电路板的外壳限制等因素确定电路板的尺寸大小，除用户特殊要求外，电路板尺寸应尽量满足电路板外形尺寸国家标准 GB 9316—1988 的规定。

确定电路板的尺寸大小后，就可新建 PCB 文件，并规划电路板了。规划电路板有两种方法：一种方法采用 PCB 板向导规划，此方法快捷，易于操作，是一种较为常用的方法，另一种为新建 PCB 文件后，在机械层手工绘制电路板边框，在禁止布线层手工绘制布线区，标注尺寸。该方法比较复杂，但灵活性较大，可以绘制较为特殊的电路板。本电路板采用较为简单的第一种方法，操作步骤如下：

（1）单击【Next（下一步）】按钮，弹出 PCB 单位设置界面。这里采用英制单位，因为大多数元件封装的引脚都采用英制，这样的设置有利于元件的放置、引脚的测量等操作，后面的设定将都依此单位为依据。

（2）单击【Next（下一步）】按钮，弹出电路板配置文件界面。系统提供了一些标准电路板配置文件，以方便用户选用。在这里我们自行定义 PCB 规格，故选择 Custom（自定义）选项。

（3）单击【Next（下一步）】按钮，弹出电路板详情界面。在该对话框中，Outline Shape（电路板外形）选项栏选择默认的 Rectangular（矩形）；Board Size（电路板尺寸）选项栏设置 Width（宽度）和 Height（高度）分别为 2 000mil 和 1 000mil。

（4）用户自定义类型设置完毕后，单击【Next（下一步）】按钮，弹出如图 4 − 15 所示的电路板层数设置界面，此处设置两个信号层和两个内部电源层。这里需要将两个电源层去除，仅使用两个信号层。

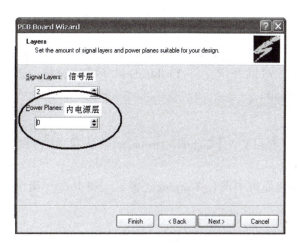

图4－15　信号层、内电源层选择

（5）单击【Next（下一步）】按钮，弹出过孔类型设置界面，选择 Thruhole Vias only 通孔单选钮。

（6）单击【Next（下一步）】按钮，弹出选择元件和布线方法界面。这里选择表面贴装元件，不将元件放两面。

（7）单击【Next（下一步）】按钮，弹出选择默认导线和过孔尺寸界面，PCB 走线最小线宽、最小过孔外径、最小孔径尺寸和最小的走线间距参数均选择默认值。

（8）单击【Next（下一步）】按钮，弹出电路板设计向导完成界面。单击【Finish（完成）】按钮，系统根据前面的设置已经创建了一个默认名为 PCB1. PcbDoc 的文件，同时进入 PCB 编辑环境中，在工作窗口中显示了 PCB1 板形轮廓，如图4－16所示。该设置过程中所定义的各种规则适用于整个电路板，用户也可以在接下来的设计中对不满意之处进行修改。至此，利用 PCB 设计向导完成了 PCB 文件的创建。

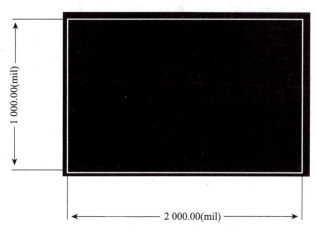

图4－16　板形轮廓

（9）在左端 Project 区的 PCB1. PcbDoc 上单击右键，并执行"file/save As"，将新建的工程文件保存于任务1文件夹中，并命名为 U 盘电路设计。在 Project 面板中，项目文件名变为"U 盘电路设计. PcbDoc"。

三、设置 PCB 参数和环境参数

执行【Design】（设计）/【Board Options…】（电路板选项）命令，在弹出的 Board Options（电路板选项）对话框中，将 Visible Grid（可视栅格）选项组中的 Grid1 设为 10mil，Grid2 设为 100mil。

四、编译工程

执行【Project】（项目）/【Compile Document（U 盘电路设计 . SchDoc 文件编译）】命令，进行文件的编译。

当在 Messages 信息面板中没有 Warning（警告）和 Error（错误）时，继续下一步。

五、导入设计

（1）打开 U 盘电路设计 . SchDoc 文件，使之处于当前的工作窗口中，同时应保证 U 盘电路设计 . PcbDoc 文件也处于打开状态。

（2）执行【Design】（设计）/【Update PCB Document U 盘电路设计 . PcbDoc（更新 PCB 文件）】命令，系统将对原理图和 PCB 图网络报表进行比较并弹出一个 Engineering Change Order（工程更新操作顺序）对话框。

（3）单击 Validate Changes（确认更改）按钮，没有×标记继续下一步。

（4）进行合法性校验后单击【Execute Changes（执行更改）】按钮，系统将完成网络表的导入，同时在每一项的 Done（完成）栏中显示√标记提示导入成功。

（5）单击【Close（关闭）】按钮，关闭该对话框。此时可以看到在 PCB 布线框的右侧出现了导入的所有元件的封装模型。图中紫色边框为布线框，各元件之间仍保持着与原理图相同的电气连接特性。

六、元件布局

元件布局有两种方法，一种为自动布局，该方法利用 PCB 编辑器的自动布局功能，按照一定的规则自动将元件分布于电路板框内。该方法简单方便，但由于其智能化程度不高，不可能考虑到具体电路在电气特性方面的不同要求，所以很难满足实际要求；另一种为手工布局，设计者根据自身经验、具体设计要求对 PCB 元件进行布局。该方法取决于设计者的经验和丰富的电子技术知识，可以充分考虑电气特性方面的要求，但需花费较多的时间。一般情况下我们可以采用二者结合的方法，先自动布局，形成一个大概的布局轮廓，然后根据实际需要再进行手工调整。

1. 自动布局

执行【Tools】（工具）/【Auto Placement】（自动布局）/【Auto Place…】菜单命令，如图4 –17 所示。

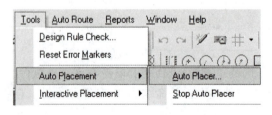

图 4 –17　自动布局

选择【Cluster Placer】群组方式布局元件，单击【OK】按钮，启动自动布局过程。

2. 手工调整布局

元件自动布局往往达不到设计者的要求，因此常常需要设计者手工调整元器件的布局以达到满意效果。设计者可以按照以下4点要求对元器件进行布局。手工布局结果见图4-18。

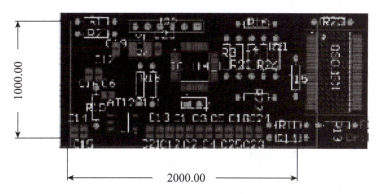

图4-18　手动布局效果图

（1）应遵循使走线最短原则。有关联的元件尽量靠近，模拟器件和数字器件分开放置，体积大的间距要大。

（2）经常插拔的元件要放在板子边缘且要加固，发热元件应与温度敏感元件分开放置，必要时还应考虑热对流措施。

（3）输出部分的元器件位于板子的上边或右边，输入部分的元器件位于板子的下边或左边。

（4）布局要均衡，疏密有序。在放置元器件时，一定要考虑元器件的实际尺寸大小（所占面积和高度）、元器件之间的相对位置，以保证电路板的电气性能和生产安装的可行性和便利性。同时，应该在保证上面原则的前提下，适当修改器件的摆放，使之整齐美观，如同样的器件要摆放整齐、方向一致。

七、元件布线

在布线过程中，必须遵循如下规律：

（1）印制导线转折点内角不能小于90°，一般选择135°或圆角；导线与焊盘、过孔的连接处要圆滑，避免出现小尖角。

（2）导线与焊盘、过孔必须以45°或90°相连。

（3）在双面、多面印制板中，上下两层信号线的走线方向要相互垂直或斜交叉，尽量避免平行走线；对于数字、模拟混合系统来说，模拟信号走线和数字信号走线应分别位于不同面内，且走线方向垂直，以减少相互间的信号耦合。

（4）在数据总线间，可以加信号地线，来实现彼此的隔离；为了提高抗干扰能力，小信号线和模拟信号线应尽量靠近地线，远离大电流和电源线；数字信号既容易干扰小信号，又容易受大电流信号的干扰，布线时必须认真处理好数据总线的走线，必要时可加电磁屏蔽罩或屏蔽板。

（5）连线应尽可能短，尤其是电子管与场效应管栅极、晶体管基极以及高频回路。

（6）高压大功率元件尽量与低压小功率元件分开布线，即彼此电源线、地线分开走线，以避免高压大功率元件通过电源线、地线的寄生电阻（或电感）干扰小元件。

（7）数字电路、模拟电路以及大电流电路的电源线、地线必须分开走线，最后再接到系统电源线、地线上，形成单点接地形式。

（8）在高频电路中必须严格限制平行走线的最大长度。

（9）在双面电路板中，由于没有地线层屏蔽，应尽量避免在时钟电路下方走线。例如，时钟电路在元件面连线时，信号线最好不要通过焊锡面的对应位置。解决方法是在自动布线前，在焊锡面内放置一个矩形填充区，然后将填充区接地。

（10）选择合理的连线方式。为了便于比较，图4-19给出了合理及不合理的连线方式。

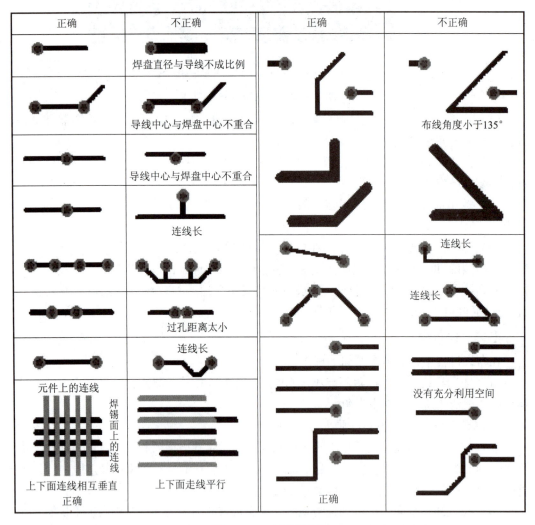

图4-19 连线举例

按照印制电路板设计的要求，布线规则确定后，执行【Auto Route】/【All】命令，单击【Route All】按钮系统开始自动布线直到结束，不论自动布线功能多么完善，自动布线生成的连线依然存在这样或那样的缺陷，如局部区域走线太密、过孔太多、连线拐弯多等，使布线显得很零乱、抗干扰性能变差，需要手工修改。手动布线的效果如图4-20所示。

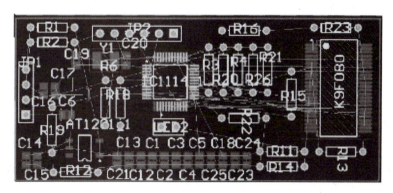

图4-20　布线效果图

八、后期处理

在电路板中，为了提高布通率，许多导线的宽度较小，而焊盘的面积却较大，如果以等宽度导线进入焊盘或过孔，势必造成电路板在元件焊接、装配、维修过程中，应力集中于焊盘和导线的连接处，极易形成裂纹和焊盘翘起，影响电路板的焊接质量，形成虚焊。该现象在单面板中尤为突出。为了在加工和焊接时分散应力，我们可以在窄导线进入焊盘和过孔时，逐步加大导线宽度，形成泪滴状，从而有效的分散应力，防止焊盘脱落虚焊。制作泪滴状导线的操作就称为补泪滴。

九、PCB 板制作完成后的进一步检查

（1）元件封装检查。元件封装对于 PCB 板制作和元件安装至关重要，一般应重点检查三极管、二极管、桥堆、电解电容等有极性元件的管脚排列是否和实际元件一致，如二极管的正负极性连接是否颠倒，三极管的 B、C、E 极性是否连错，桥堆管脚是否和实物一致、电解电容极性是否正确等。

（2）电气连接检查。以实际电路结构和原理图为依据，逐步检查电源、接地、元器件管脚间的连接情况。

（3）元器件安装位置、定位尺寸检查、安装空间检查。

绘制完成的 PCB 图如图4-21所示。

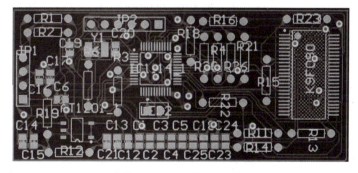

图4-21　U 盘 PCB 图

任务 2　制作 PCB 的准备工作

4.2.1　PCB 制板检查

在进行 PCB 电路板实际制作之前，必须再次检查 PCB 设计是否合理。

（1）检查 PCB 布局正确、合理；

（2）根据实际元件为各原理图元件输入合适的引脚封装；

（3）根据电器外壳尺寸或设计要求规划电路板的形状和尺寸；

（4）根据 PCB 电路板元件密度高低和布线复杂程度确定电路板的种类；

（5）测量电路中有定位要求元件的定位尺寸，如电位器、各种插孔距离电路板边框的距离，安装孔的尺寸和定位等。

4.2.2　PCB 制板预处理

1. 首先制定若干标准

（1）PCB 外形及开槽等采用 Mechanical 1（机械 1 层）。

（2）PCB 尺寸标注为 Mechanical 2（机械 2 层）或者设为 Mechanical 4（机械 4 层）。

（3）PCB 碳膜层为 Mechanical 3（机械 3 层），特别说明在 PCB 的拼板文件 Mechanical 1 外必须增加对该层的描述，描述内容为 Carbon Layer，并且文字与碳膜在同一层。

2. 对原始的 PCB 文件作预处理

在生成 Gerber 文件之前，需要对原始的 PCB 文件作预处理。下面说明几个常见的预处理：

（1）增加 PCB 工艺边。

（2）增加邮票孔。

（3）增加机插孔。

（4）增加贴片用的定位孔，这个定位孔通常也可以在单板 PCB 文件中添加。

（5）增加钻孔描述：首先在 Drill Drawing（钻孔描述层）增加一个字符串（如图 4-22 所示），设定 TEXT 内容为 . Legend，该字符串放置在 PCB 图的机械层外边合适的位置，当生成 Gerber 文件时该处将会标识出钻孔孔径的大小数量等信息，这些信息不能在机械 1 层内。

（6）增加尺寸标注：尺寸标注要求放置在 Mechanical 2（机械 2 层），尺寸标注主要用于进厂检验使用。

（7）设定原点：单击 Edit→Origin→Set，一般原点设置在外形的左下角。

PCB 图检查、预处理后，就可以用 CAM350、WD2000、Create DCM 等操作软件生成 Gerber 文件、钻孔文件，完成制作底片等前期准备工作。（本章节采用湖南科瑞特科技股份有限公司提供的 PCB 制板设备）

一、Gerber 文件生成

下面以 U 盘双面板为例，开始进行 Gerber 文件的生成：

（1）新建 Gerber 文件，在 PCB 设计环境中选择 File→Fabrication Outputs→Gerber Files，如图 4-23 所示。

图4-22 钻孔描述信息

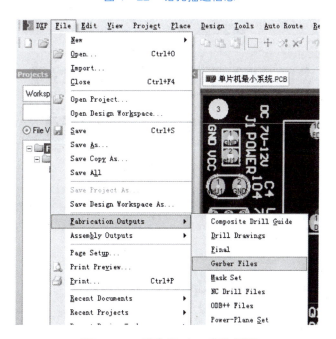

图4-23 新建Gerber文件界面

（2）General设置，正常情况下我们的精度要求不是很高，所以正常设置如图4-24所示。

（3）Layers设置，选择所需要的Layers，如图4-25所示，双面板制作需要选择顶层线路Top Layer（信号层）、底层线路Bottom Layer（信号层）、顶层丝印层Top Overlay、顶层阻焊层Top paste Mask、底层阻焊层Bottom paste Mask、禁止布线层Keep out Layer，Mechanical 1是外形层，所以必须选择。Mechanical 4是尺寸标注，所以也必须选择，要注意的是如果有碳膜层，该层也记得选择。正常来说Mechanical 1可以在所有层中应用，因此Plot选项下要全勾上。其中Plot表示层，Mirror表示镜像。

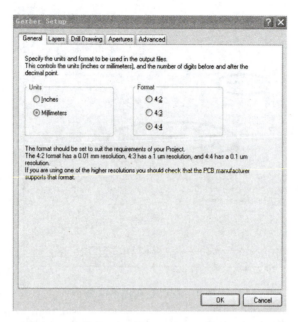

图 4 –24　Gerber 设置界面

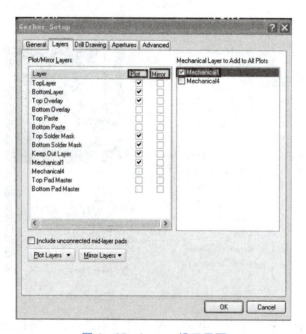

图 4 –25　Layers 设置界面

（4）钻孔文件，主要提示钻孔描述的方案及字符高度，可选图像符号/字符/孔径尺寸三种，推荐选择图像符号或者字符，钻孔描述的字符高度可设置为 1.5，以便打印后检验。

（5）Apertures 和 Advanced 都采用默认方式即可。

（6）单击【OK】，即生成 CAM 文件。

（7）单击 File→Export→Gerber，弹出图 4 –26 所示对话框。

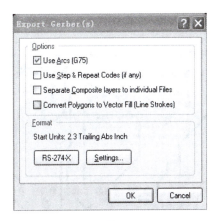

图 4 –26 导出 Gerber 界面

(8) 图 4 –26 中 Format 设置为 RS – 274 – X。其他可以采用默认，单击【OK】，把 Gerber 文件保存到指定的目录。

二、钻孔文件生成

1. 输出钻孔数据文本

回到拼版的 PCB 文件，单击 File→Fabrication Outputs→NC Drill Files ，如图 4 – 27 所示，Units 与 Format 与上文 Gerber 文件设置相同。其他按默认设置，不变。完成设置后同样导出保存。

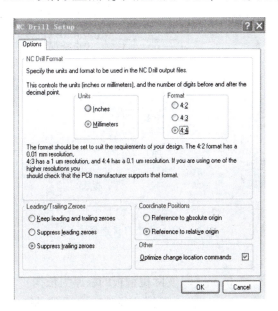

图 4 –27 NC Drill 设置

2. 生成钻孔数据

打开 Create – DCM 双面电路板雕刻软件，如图 4 – 28 所示，打开刚导出的钻孔数据，默认为底层钻孔。检查线路层、焊盘、孔径无误后，选择钻孔选项，如图 4 – 29 所示，执行以下操作：

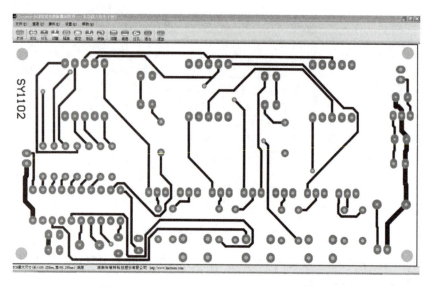

图4-28 Create-DCM双面电路板雕刻软件

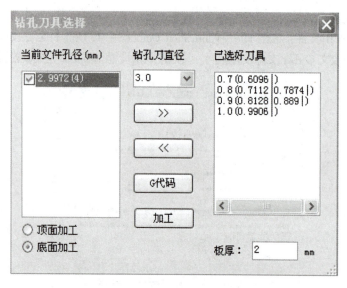

图4-29 钻孔刀具选择面板

（1）设置为底面加工；

（2）板厚设置成1.8~2.0mm（以实际覆铜板的板厚为依据）；

（3）勾选当前文件孔径（mm），再根据孔径选定合适的钻孔刀直径（注意：钻孔刀直径要大于或等于当前文件孔径）。

（4）所有孔径都选定了合适的钻孔刀后，选择G代码选项。出现一个保存界面，选择保存路径即可。

最后，需要钻孔的时候把刚生成的钻孔数据拷贝到电路板雕刻机中，就可以开始钻孔了。

4.2.3　底片制作

底片制作是图形转移的基础，根据底片输出方式可分为底片打印输出和光绘输出，本节将分别介绍两种底片制作方法。

一、光绘底片

打开 WD2000 光绘系统软件，执行命令【F 文件】/【D 拼版打开】，打开之前导出 Gerber 数据所在文件夹，选择将要光绘的层，双层板为 GBL、GTL、GBS、GTS、GTO，共 5 层。弹出如图 4 – 30 所示对话框。

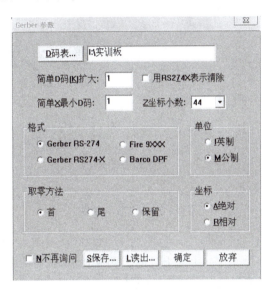

图 4 –30　Gerber 参数对话框

连续单击【确定】5 次（共导出 5 层）后，得到如图 4 –31 所示界面。

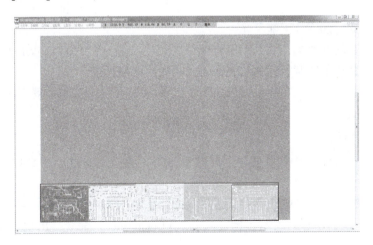

图 4 –31　拼版前视图

对各层进行排版布局，必须在蓝色区域内，按【Page Up】【Page Down】可分别对视图进行放大、缩小。在此注意：选中字符层（GTO），执行命令【选择】/【负片】，选中底层（GBL）、底层阻焊层（GBS），执行命令【选择】/【镜像】/【水平】。排版完成后，得到如图4-32所示界面。

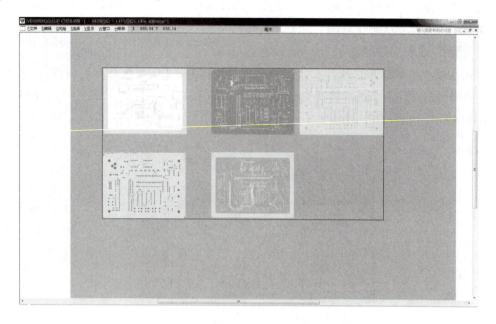

图4-32　排版后视图

这里光绘设备采用的是科瑞特公司生产的LGP2000激光光绘机，联机后，启动负压泵，关闭电脑显示器再装片操作。手动上片时，药膜面朝外（底片缺口在左上），并确保底片与滚筒紧密吸合，无漏气现象，以防止飞片。待激光光绘机显示屏显示"按确认键开始"后按【确认】键启动照排机。

返回光绘软件主界面，执行命令【F文件】/【E输出】，选择直接输出方式；照排完毕后，激光光绘机显示"照排结束"。按【确认】键后，停止照排；待滚筒停止运转后，取出底片，注意此时的底片不能见光。

将底片送入自动冲片机，该处采用科瑞特公司生产的AWM3000自动冲片机，经过显影、定影后，就完成了印制板底片的制作，此时底片可以见光。

具体参数设置如下：显影液温度为32℃，定影液温度设为32℃，烤温温度设为52℃，走片时间设为48s。

二、激光打印底片

这里打印设备采用的是惠普公司生产的HP5200L激光打印机，打印时注意，图形要打印在药膜面。

（1）用Cam350导入Gerber文件，过程见图4-33、图4-34、图4-35。

（2）选择需要打印的层。执行【Tables】/【Composites】命令，出现如图4-36所示Composites对话框。

注意：双面板需要选择顶层阻焊：∗GTS＆∗GKO，底层阻焊：∗GBS＆∗GKO；顶层线路：∗GTL＆∗GKO，底层线路：∗GBL＆∗GKO；顶层字符：∗GTO＆∗GKO；字符层必须选择负片。

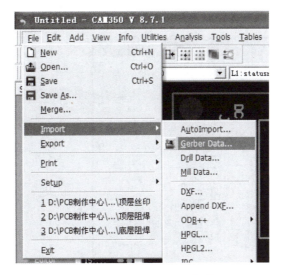

图 4 –33　导入 Gerber 文件

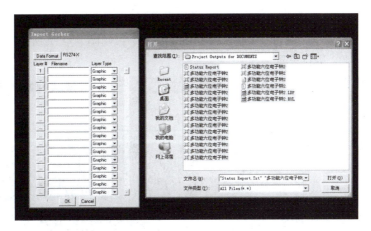

图 4 –34　选择 Gerber 文件

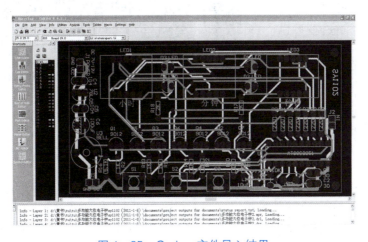

图 4 –35　Gerber 文件导入结果

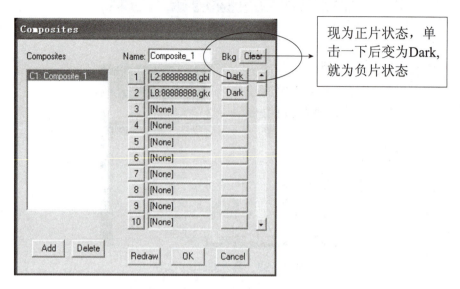

图 4-36 Composites 对话框

（3）打印设置步骤，执行【File】/【Print】命令，如图 4-37 所示，弹出打印设置对话框，按图 4-38 进行设置。

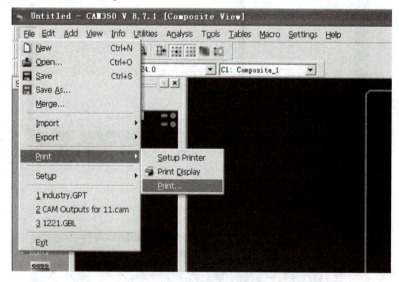

图 4-37 打印选项

4.2.4 PCB 工业制板各工艺环节

一、钻孔

如图 4-39 所示，Create-DCD3000 全自动数控钻床，能根据 Protel 生成的 PCB 文件的钻孔信息，快速、精确地完成定位、钻孔等任务。用户只需在计算机上完成 PCB 文件设计并将其通过 RS-232 串行通信口传送给数控钻床，数控钻床就能快速地完成终点定位、分批钻孔等动作。

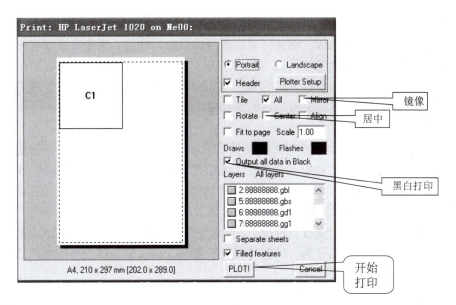

图4-38　打印设置

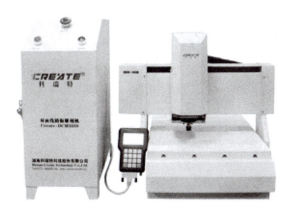

图4-39　Create-DCD3000 全自动数控钻床

具体操作步骤：

放置并固定敷铜板→手动任意定位原点→软件自动定位终点→调节钻头高度→选择孔径规格→分批钻孔。

基本钻孔流程：

导出原始文件 → 固定敷铜板 → 手动初步定位起始原点 → 软件微调 → 调节钻头高度 → 软件设置原点 → 按序选择孔径规格并上好相应钻头 → 分批钻孔。现详细介绍如下：

1. 导出原始文件

数控钻程序支持 Protel PCB 2.8 ASCII File（＊.PCB）和 NC Drill（Generates NC drill files）两种格式的文件。

2. 放置敷铜板

将待钻孔的敷铜板平放在数控钻床平台的有效钻孔区域内，并用单面纸胶带固定覆铜板。

3. 手动定制原点

用手拖动主轴电机和底板，将其移动到适当的位置（注意：用手动拖动主轴电机及底版之前务必将数控钻床总电源关闭），钻头垂直对准的点就是原点。打开电源调节 Z 轴高度，使得钻头尖和覆铜板高度在 1.5～2mm。按下控制软件的【设置原点】按钮，调整主轴左移/主轴右移或底板前移/底板后移的偏移量来完成原点位置的调整。

4. 分批钻孔

原点、终点设置完后，按顺序选择所需钻孔的孔径，接下来就开始分批钻孔。钻孔前，应先调整钻头的高度，使钻头尖距离待钻的敷铜板平面的垂直距离在 0.5mm 左右，然后，按下【钻孔】按钮，即开始第一批孔的钻削。第一批孔钻完后，数控钻主轴及底板操作平台即自动回到设置的原点位置，这时，需关闭主轴电机电源开关（注意：请勿关闭数控钻床总电源开关，否则需重新定位），待钻头停止旋转后，更换所选择待钻孔径相应的钻头，打开主轴电机电源开关，单击【钻孔】按钮，即可完成该批孔的钻孔工作，后续不同的孔径钻孔可依照此方法进行。

二、抛光

图 4－40 所示抛光机主要用于 PCB 基板表面抛光处理，清除板基表面的污垢及孔内的粉屑，为化学沉铜工艺准备。

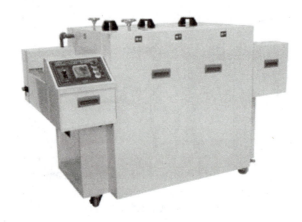

图 4－40　线路板抛光机

（1）准备工件（如 PCB 板）。

注意：如果材料表面出现胶质材料、油墨、机油、严重氧化等，请先人工对材料进行预处理，以免损坏机器。

（2）连接好抛光机电源线，并打开进水阀门。

（3）按下面板上的【刷辊】【市水】及【传动】按钮，刷光机开始运行。

（4）调节刷光机上侧压力调节旋钮。

增大压力：旋钮往标识"紧"方向旋转；

减小压力：旋钮往标识"松"方向旋转；

（5）进料。将工件（如 PCB 板）平放在送料台上，轻轻用手推送到位，随后转动组件自动完成传送。

注意：多个工件加工时，相互之间保留一定的间隙。

（6）完成抛光。抛光机后部有出料台，工件会自动弹出到出料台。

注意：出料后请及时取回工件。

三、金属过孔

钻好孔的敷铜板经过化学沉铜工艺后，其玻璃纤维基板的孔壁已附上薄薄的一层铜，具有较好的导电性，为化学镀铜提供了必要条件。由于化学沉铜黏附的铜厚度很薄，且结合力不强，因此需要采用镀铜机（如图4-41所示）通过化学镀铜的方法使孔壁铜层加厚、结合力加强。

1. 通电

打开电源开关，系统自检测试通过后进入等待启动工作状态，预浸指示灯快速闪动，预浸液开始加热，当加热到适宜温度时，预浸指示灯长亮，同时蜂鸣器发出"嘀、嘀"两声，表示预浸工序已准备好。

图4-41 镀铜机

2. 整孔

将钻好孔的双面敷铜板进行表面处理，用抛光机或纱布将敷铜板表面氧化层打磨干净，观察孔内壁是否有孔塞现象，若有孔塞，则用细针疏通，因为孔塞会在沉铜和镀铜的过程中堵孔，影响金属过孔的效果。

3. 预浸

将整好孔的双面板用细不锈钢丝穿好，放入预浸液中，按下预浸按钮，开始预浸工序，预浸指示灯呈现亮和灭的周期性变化。当工序完毕时，蜂鸣器将长鸣，表示预浸工序完毕，此时按一下预浸按钮，蜂鸣器将停止报警，并等待再次启动工作；然后将PCB板从预浸液中取出，敲动几下，将孔内的积水除净。

4. 活化

将预浸过的PCB板放入活化液中，按活化按钮，开始活化工作。当活化完毕后，将PCB板轻轻抖动1分钟左右取出，一两分钟后将板在容器边上敲动，使多余的活化液溢出，防止膜后塞孔。

5. 热固化

将活化过的 PCB 板置于烘干箱（温度为 100℃）内进行热固化 5 分钟。

6. 微蚀

将热固化后的 PCB 放入微蚀液中，按动微蚀按钮，开始微蚀工序。微蚀完毕后，将 PCB 板从微蚀液中取出，用清水冲净表面多余的活化液。

7. 加速

将微蚀后的 PCB 板放入加速液中摆动几下，取出。

8. 镀铜

将加速后的 PCB 板用夹具夹好，挂在电镀负极上，调节电流调节旋钮，电流大小需根据 PCB 面积大小确定（以 $1.5A/dm^2$ 计算），电镀半小时左右，取出可观察到孔内壁均匀地镀上了一层光亮、致密的铜。

9. 清洗

将从镀铜液里取出来的 PCB 板用清水冲洗，将 PCB 板上的镀铜液冲洗干净。

四、油墨印刷

为制作高精度的线路板，传统热转移方法及传统烘烤型油墨和干膜法已不适应精密线路板的制作，为此需采用最新的专用液态感光线路油墨（具有强抗电镀性）来制作高精度的线路板，图 4-42 为线路板油墨印刷专用机器。

图 4-42　线路板油墨印刷机

油墨印刷操作步骤：

（1）表面清洁：将丝印台有机玻璃台面上的污点用酒精清洗干净；

（2）固定丝网框：将做好图形的丝网框固定在丝印台上，用固定旋钮拧紧；

（3）粘边角垫板：在丝印机底板粘上边角垫板，主要用于刮双面板，刮完一面再刮另一面时，防止刮好油墨的 PCB 板与工作台摩擦使油墨损坏；

（4）放料：把需要刮油墨的覆铜板放上去；

（5）调节丝网框的高度：调节丝网框的高度主要是为了在刮油墨时不让网与板粘在一

起，用手按网框，感觉有点向上的弹性即可，这样即可使网与板之间 有反弹性，使网与板分离；

（6）刮油墨：在有丝网上涂上一层油墨，一手拿刮刀，一手压紧丝网框，刮刀以45℃倾角顺势刮过来；揭起丝网框，即实现了一次油墨印刷；

（7）刮完一面反过来刮另一面即可。

效果如图4-43所示。

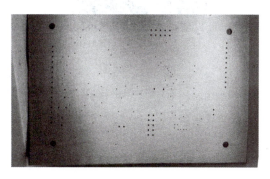

图4-43　油墨印刷效果图

注意：在刮油墨时，力度一定要一致，速度要均匀，刷过油墨的丝网框要马上用洗网水清洗。

五、烘干

刮好感光油墨的线路板需要放置在油墨固化机（图4-44）中烘干，根据感光油墨特性，烘干机温度设置为75℃，时间为15min左右。

图4-44　油墨固化机

烘干操作步骤：放置电路板→设定温度时间。

注意：刮好感光油墨的线路板要斜靠在烘干机内；板件烘干后放置时间不能超过12小时，否则对后续曝光有影响。

六、曝光

线路板油墨烘干后，可进行曝光操作。将图4-45所示曝光机的定位光源打开，通过定位孔将底片与曝光板一面（底片的放置方法为将有形面朝下，背图形面朝上）用透明胶固定好，同时确保板件其他孔与底片的重合。然后按相同方法固定另一面底片。将板件放在干净的曝光机玻璃面上，盖上曝光机盖并扣紧，关闭进气阀，设置曝光机的真空时间为10s，曝光时间60s。开启电源并按"启动"键，真空抽气机抽真空，10s后曝光开始，待曝光灯熄灭，曝光完成。打开排气阀，松开上盖扣紧锁，取出板件然后继续曝光另一面。

图4-45 曝光机

注意：曝光机不能连续曝光，中间应间隔3min。

七、显影

显影是将没有曝光的湿膜层部分除去，得到所需电路图形的过程。要严格控制显影液的浓度和温度，显影液浓度太高或太低都易造成显影不净。显影时间过长或显影温度过高，会对湿膜表面造成劣化，在电镀或碱性蚀刻时出现严重的渗度或侧蚀。图4-46是线路板显影机，图4-47是显影后的敷铜板。

图4-46 线路板显影机

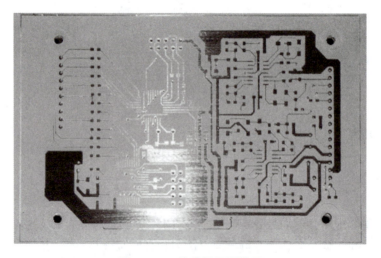

图4-47 线路板显影效果

显影机按钮说明：

加热指示灯：加热状态显示为红色，恒温状态显示为绿色。

加热开关：按下开关，加热管对液体进行加热；当液体温度达到40℃左右，进入恒温状态；加热管停止加热，加热指示灯亮绿灯。

对流开关：按下开关，气泵工作。

对流指示灯：按下对流开关，对流指示灯亮。

注意：为了延长显影液与气泵的寿命，在不显影工作时，请及时关闭对流。

八、镀锡

化学镀锡主要是在线路板部分镀上一层锡，用来保护线路板部分不被蚀刻液腐蚀，同时增强线路板的可焊接性。镀锡与镀铜原理一样，只不过镀铜是整板镀，而镀锡只镀线路部分。图4-48所示为镀锡机，镀锡效果图如图4-49所示。

图4-48　镀锡机

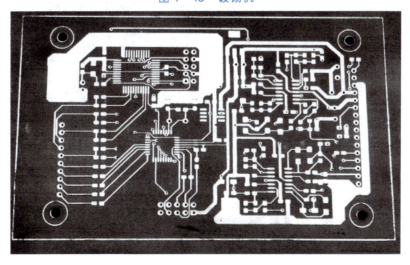

图4-49　线路板镀锡效果

注意：如果出现镀不上锡，应检查夹具与线路板是否接触不良或是线路部分有油。

解决方法：

1. 用刀片在电路板边框外刮掉油墨，再用夹具夹上即可。

2. 如果以上方法还是不可以解决问题，需要把线路板放入碱性液里泡30s，然后再去镀锡。

九、脱膜

经过镀锡后留下的油墨需全部去掉才能显示出铜层，而这些铜层都是非线路部分，需要蚀刻掉。所以，蚀刻前需要把电路板上所有的油墨清洗掉，显影出非线路铜层。图4-50所示为脱膜机，脱膜效果如图4-51所示（用30℃~40℃的热水加油墨去膜粉调和，脱膜后用水洗干净）。

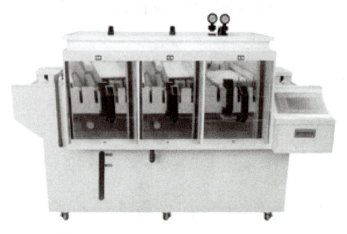

图4-50 脱膜机

图4-51 线路板脱膜效果

十、腐蚀

线路板经过脱膜操作后，就可以在腐蚀机（如图4-52所示）上进行腐蚀操作，将线路板上不需要的铜腐蚀掉。具体操作步骤如下：

（1）设置工作温度。将腐蚀机通电，通过温度设置进行蚀刻温度的设置。

（2）腐蚀。将 PCB 板放入进板处，单击运行。PCB 自动进入蚀刻区，进行腐蚀。

（3）清洗。腐蚀后的 PCB 板进入水洗槽中清洗，将黏附在板上的腐蚀液用水清洗干净。

（4）褪锡。将腐蚀后的 PCB 板通过褪锡设备进行褪锡。

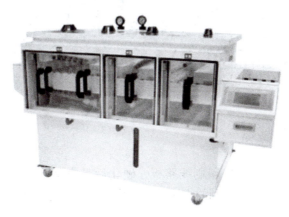

图 4 -52　腐蚀机

十一、阻焊油墨

阻焊油墨适用于双面及多层印刷线路板。硬化后具有优良的绝缘性、耐热性及耐化性。可耐热风整平，与线路刮油墨的方法完全一样。效果如图 4 - 53 所示。

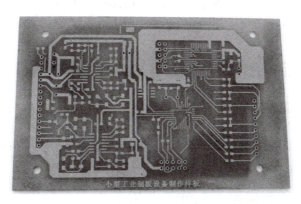

图 4 -53　阻焊油墨效果

刮完阻焊油墨之后需要烘干，烘干温度为 75℃，时间为 20min。实际操作中，可根据阻焊印制厚度的不同，设定合适的烘干参数。

阻焊曝光：方法与线路感光油墨曝光一样。只是时间有所不同，真空时间为 15s，曝光时间为 120s。

阻焊显影：阻焊显影是将要焊接的部分全部显影出金属，方便焊接，与线路显影方法完全一样。效果如图 4 - 54 所示。

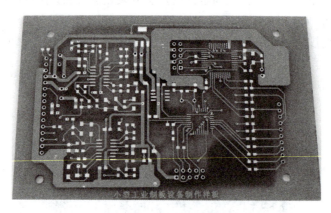

图4-54 阻焊显影效果

十二、字符油墨

字符油墨适用于双面及多层印刷线路板。硬化后具有优良的绝缘性、耐热性及耐化性，可耐热风整平，与线路油墨刮的方法完全一样。刮完字符油墨之后需要烘干，烘干温度为75℃，时间约为20min。

字符曝光：方法与线路感光油墨、阻焊油墨曝光一样。只是时间有所不同，真空时间为15s，曝光时间约为100s。

字符显影：字符显影是将字符层信息显示在PCB板上。

字符固化（烘干）：为保证线路板在高温下的可焊接性，需再一次固化线路板。有两种固化方法：常温固化和烘干箱固化。固化时间根据油墨的不同而有差异。由于常温固化时间太长，一般使用烘干固化，油墨固化时间为30min，温度为120℃左右。

任务3 PCB板制作

印制电路板的制造方案有热转印制板、曝光制板、雕刻制板和工业级制板系统等多种方案。前三种制板简单、快速，主要应用于各大专院校、科研院所、工厂技术部门等科研机构，深受科研人员及电子爱好者的喜爱，工业级制板系统主要应用于批量生产。每种方案所用的设备及工艺流程均有所不同。

4.3.1 四种印制电路板制作工艺流程

一、热转印制板流程

如图4-55所示为热转印制板流程。

热转印制板特点：

➢ 制板速度快；

➢ 制板成本低廉；

➢ 具有较高的制板精度（最小线径、线隙为6mil）；

➢ 采用环保蚀刻工艺，无色无味，无污染；

➢ 采用新型化学沉镍过孔工艺，操作简单，工艺时间短，过孔成功率高；

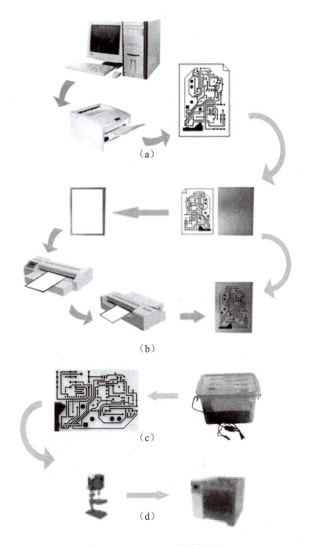

图 4 – 55　热转印制板流程

(a) 激光打印 PCB 图；(b) 转印过程；(c) 腐蚀机腐蚀；(d) 钻孔沉铜

➢ 特别适合电子竞赛、电子制作、课程设计、毕业设计等 PCB 制作。

二、曝光制板流程

如图 4 – 56 所示为曝光制板流程。

曝光制板特点：

➢ 制板速度快；

➢ 制板材料成本相对较高（感光板）；

➢ 制板精度高（最小线径、线隙为 4mil）；

➢ 采用环保蚀刻工艺，无色无味，无污染；

➢ 采用新型化学沉镍过孔工艺，操作简单，工艺时间短，过孔成功率高；

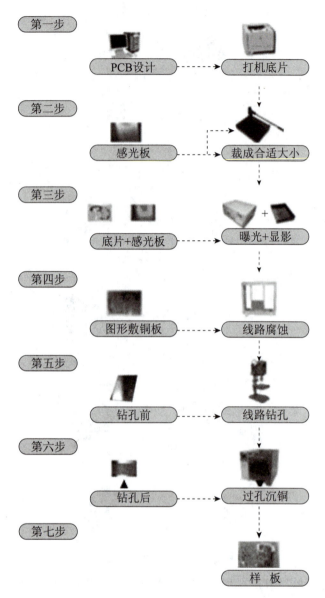

图4-56　曝光制板流程

➤ 增配线路板丝印机和油墨固化机，自制感光板，可大大降低制板材料成本，实现最高性价比配置方案；

➤ 特别适合电子竞赛、电子制作、课程设计、毕业设计等PCB制作。

三、雕刻制板流程

如图4-57所示为雕刻制板流程。

雕刻制板特点：

➤ PCB制板自动化程度高，工艺简单，环保无腐蚀，无任何污染；

➤ PCB制板速度一般；

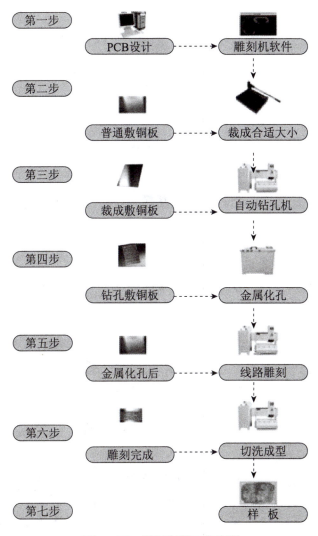

图 4 –57　雕刻制板工艺流程

> PCB 制板材料成本相对较高（刀具损耗）；
> PCB 制板精度一般（最小线径、线隙为 8mil）；
> 适合电子制作、研发项目等简单 PCB 制作。

四、工业级 PCB 制板流程

如图 4 – 58 所示为工业级 PCB 制板标准流程。

工业级 PCB 制板特点：

> 制板速度快，一天能完成数百块以上制板量；
> 制板精度高，线路板的线宽、线隙能达到 3mil 以下，能完全满足工业级的需求；
> 制板工序全，从裁板→数控钻孔→刷板→沉铜→丝印图形→曝光→显影→镀铜到镀锡→腐蚀→丝印阻焊→丝印文字一应俱全；

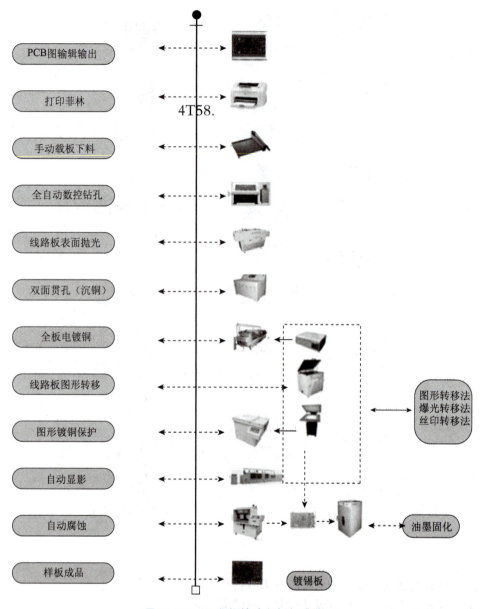

图 4 −58　工业级快速制板标准流程

➤　制板成本低，所有制板用材料全部为工业常用制板材料，价格低廉，购买方便；

➤　解决问题能力强，能帮助学校有效完成学生课题设计、毕业设计、电子技能竞赛、科研工作等多项快速制板任务，同时也可以对外承接制板任务。

4.3.2　热转印制作单面 PCB 板

1. 主要器材的准备

（1）热转印机（相片过塑机），实在没有也可以用老式电熨斗，如图 4 − 59 （a）所示。

（2）激光打印机，如图4-59（b）所示。

（3）微型电钻（最好用微型台钻），如图4-59（c）所示。

（4）热转印纸（亦可用广告不干胶贴纸的底板纸），如图4-59（d）所示。

（5）阻焊绿油，如图4-59（e）所示。

（6）蚀刻药品：三氯化铁一瓶，如图4-59（f）所示。

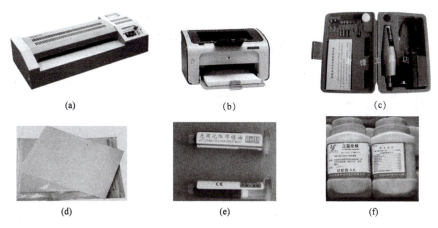

图4-59 手工制板所需设备及材料

(a) 热转印机；(b) 激光打印机；(c) 微型电钻；(d) 热转印机；(e) 阻焊绿油；(f) 蚀刻药品

2. 操作过程

（1）DXP 2004 软件打印设置。在 DXP 2004 里画完 PCB 图后，用激光打印机在热转印纸上分别打印底层、顶层、底层阻焊层和顶层阻焊层四个 PCB 图层。具体方法如下：

打开 PCB 文件，单击 File→Page setup 进入如图4-60所示的打印属性设置界面。

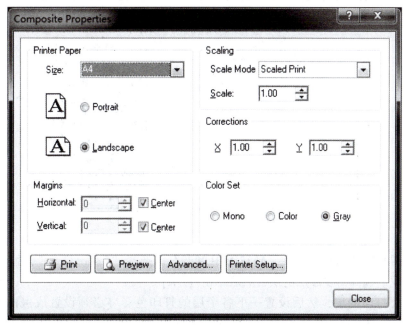

图4-60 打印属性设置

进入设置对话框，在"ScalingScale Mode"下拉条中选择"Scale Print"，"Size"可以选择使用纸张。"Scale"中可以设置打印比例为 1.00，即所谓的 1：1 打印。可以单击"Preview"预览即将打印的 PCB。

要打印 PCB 指定层，在图 4 - 60 选择"Advanced…"，弹出如图 4 - 61 所示对话框。当前显示的层均为打印层，如果不需要打印图 4 - 61 显示的某一层，则选中该层后单击右键，选择"Delete"，即可删除该层，如图 4 - 62、图 4 - 63 所示。

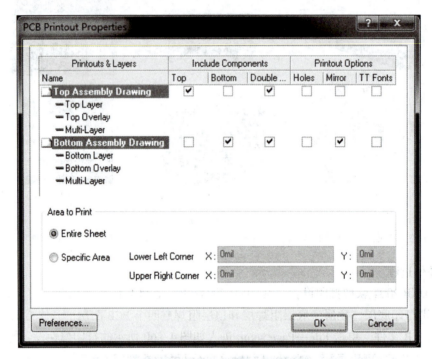

图 4 - 61　PCB 打印层设置对话框

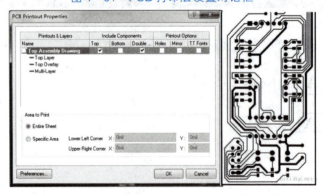

图 4 - 62　底层打印设置及预览

如果需要打印的图层未出现，则在图中单击右键选择"Insert Layer"，弹出图 4 - 64 所示的对话框。选择需要添加的层，然后单击【OK】。

选择好要打印的层，然后设置一下各个层的打印色彩（必须设置成黑白色），选择"Preference…"进入图 4 - 65 所示界面进行设置。

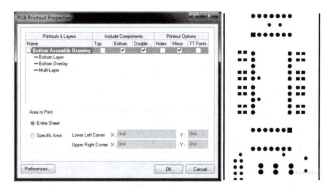

图4-63 底层焊盘层预览

图4-64 添加打印层

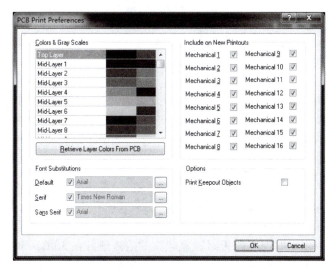

图4-65 设置打印色彩

（2）将热转印纸放入打印机开始打印，打印出来的效果如图4－66所示，这就是要转印到敷铜板上的底稿了，注意要轻拿轻放，不要把纸上的碳粉弄掉了。

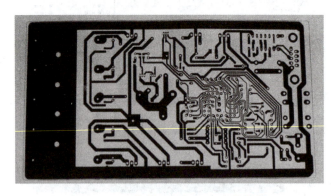

图4－66　热转印纸打印出来的效果

（3）打印完毕就准备转印工作了，因为我们要做的PCB是有阻焊膜的，为了方便揭膜，在敷铜板下料时每边都留出3～5mm的余量，用细砂纸打磨干净。下面这一步将直接影响到转印的质量：取少量的三氯化铁或者是以前用过的废液，把打磨好的板子放进去，用毛刷在铜箔上轻轻刷几遍，立刻取出用水冲干净，晾干，铜箔会变成如图4－67所示颜色。这一步的目的是为了让铜箔表面变得粗糙从而更好地吸附油墨。做这一步之前把热转印机电源打开预热，温度设置在170℃左右，准备转印。

图4－67　经过处理后的敷铜板

（4）将打印好的底稿有墨的一面与敷铜板叠放在一起，就像过塑相片一样送入热转印机转印，如图4－68所示，重复此过程5～8次后取出。待其自然冷却再缓缓解开热转印纸，这时会发现纸上的墨粉完全被转到敷铜板上了，如图4－69所示。如果发现有断线的地方可以用油性记号笔填好即可。

（5）腐蚀：在制作印制电路板时，要用三氯化铁溶液来腐蚀电路板。现在三氯化铁大部分是固体状态，须配成腐蚀电路板的溶液，可按质量大小配比：用35%的三氯化铁加65%的水配制。三氯化铁的浓度并不是很严格的，浓度大的溶液腐蚀速度快一点，浓度小的溶液腐蚀速度慢一点。腐蚀电路板时三氯化铁的溶液最好在30℃～50℃，最高不要超过65℃。腐蚀时可用竹夹子夹住电路板在三氯化铁溶液中滚动以增快腐蚀速度，一般情况下20min电路板即可腐蚀好。

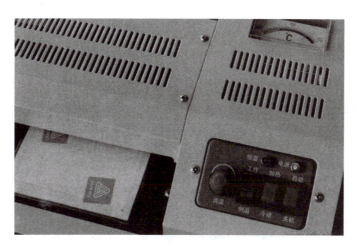

图4-68 热转印

图4-69 热转印后的效果

比较快的做法是采用盐酸+双氧水的蚀刻法，具体配比是把浓度为31%的过氧化氢（工业用）与浓度为37%的盐酸（工业用）和水按1:3:4比例配制成腐蚀液。先把4份水倒入盘中，然后倒入3份盐酸，用玻璃棒搅拌，再缓缓地加入1份过氧化氢，继续用玻璃棒搅匀后即可把铜箔板放入（如图4-70所示），一般5min左右便可腐蚀完毕，取出铜箔板，用清水冲洗，擦干后就可使用了。

图4-70 盐酸+双氧水溶液腐蚀电路板

此腐蚀液反应速度极快，应按比例要求掌握，如比例过于不当会引起沸腾以至液水溢出盘外。另外在反应时还有少量的氯气放出，所以最好在通风处进行操作。腐蚀好的电路板如图4-71所示。

图4-71　腐蚀好的电路板

（6）电路板腐蚀完毕后用清水冲洗同时用2 000目以上的水砂纸将附着在铜箔上的墨粉去除掉，冲洗干净后晾干，一块漂亮的电路板就做出了。如图4-72所示。

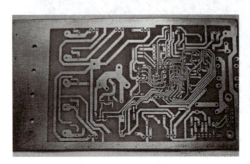

图4-72　制作完毕的电路板

4.3.3　小型工业制双面PCB板

一、简易流程

底片输出→裁板→钻孔→抛光→整孔→预浸→水洗→烘干→活化→通孔→热固化→微蚀→水洗→抛光→加速→镀铜→水洗→抛光→烘干→刷感光线路油墨→烘干→曝光→显影→水洗→微蚀→水洗→镀锡→水洗→脱膜→水洗→蚀刻→水洗→褪锡→水洗→烘干→刷感光阻焊油墨→烘干→曝光→显影→水洗→烘干→刷感光文字油墨→烘干→曝光→显影→水洗→热固化→切边。

二、制作流程

以下涉及的工艺参数以湖南科瑞特股份有限公司的制板设备为例，仅供参考。

（1）打印底片（光绘底片出图）

（2）裁板（保留20mm工艺边）

（3）钻孔（设置板厚2.0mm，钻头尖离板1~1.5mm）

（4）抛光（去除表面氧化物及油污，去除钻孔时产生的毛刺）

（5）过全自动沉铜机整孔（要保证孔通透，帮助药水更好地浸到孔内）

（6）预浸（5min，除油，除氧化物，调整电荷）

（7）水洗（水洗都是为除去药水残留）

（8）烘干（除去孔内残留水分）

（9）活化（2min，纳米碳粒附在孔内）

（10）通孔（将孔内多余活化液去除）

（11）固化（100℃，5~10min，使碳粒在孔内更好地吸附）

（12）微蚀（30s，除去表面碳粒）

（13）水洗

（14）抛光

（15）加速（5~10s，如果板件有氧化时需除氧化物，除油）

（16）水洗

（17）镀铜（30min，电流3~4A/dm^2）

（18）水洗

（19）抛光

（20）烘干（烘干表面及孔内水分）

（21）刷感光线路油墨（90T丝网框，多练习）

（22）烘干（75℃，20~30min）

（23）曝光（曝光时间15s，先底片对位）

（24）显影（45℃~50℃）

（25）水洗

（26）放入微蚀液中去油（5~10s）

（27）水洗

（28）镀锡（20min，电流约1.5~2A/dm^2）

（29）水洗

（30）脱膜（戴手套，脱膜液为强碱性）

（31）水洗

（32）蚀刻（温度55℃）

（33）水洗

（34）褪锡

（35）水洗

（36）烘干

（37）刷感光阻焊油墨（90T丝网框，感光阻焊油墨:固化剂=3:1，如果油墨比较黏的话，需要增加油墨稀释剂调整）

（38）静置（15min，在阴凉不通风的环境）

（39）油墨烘干（75℃，30min）

（40）曝光（180s，光绘底片120s）

（41）显影

（42）水洗

（43）烘干

（44）刷感光文字油墨（120T丝网框，感光字符油墨：固化剂=3:1，如果油墨比较黏的话，需要增加油墨稀释剂，油墨一定要调整得细腻）

（45）油墨烘干（75℃，20min）

（46）曝光（120s，光绘底片）

（47）显影

（48）水洗

（49）热固化（150℃，30min）

（50）切边

实践练习

1. 参照图4-21设计图4-73所示PCB；

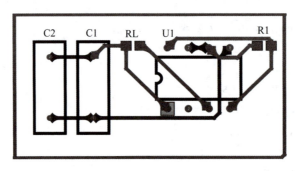

图4-73　项目原理图

2. 要求PCB尺寸为100×80（mm×mm，电气间距为0.2mm，采用单面布线，不作特殊要求的按默认规则布局布线；

3. 使用热转印制板方法制作PCB。

小功放 PCB 板的设计与
简易制作（课程设计）

【项目说明】

某高校电子实训室要求制作一批小功放的 PCB 板，请模仿 PCB 板设计人员，为该实训室设计小功放的 PCB 板。

【任务要求】

（1）根据提供的参考资料，绘制详细原理图；

（2）根据行业规范，设计合适规格单（双）面 PCB 板。

【学习目标】

（1）掌握电路原理图的设计方法；

（2）掌握设计 PCB 的方法和技巧；

（3）掌握电路板的简易制作。

【能力目标】

（1）能够制定 PCB 板设计工作计划（凡事预则立，不预则废）；

（2）能够创建特殊元件原理图符号及元件封装（开拓创新）；

（3）能够绘制合适规格单（双）面 PCB 板（无规矩不成方圆）；

（4）能够独立完成简单电子产品 PCB 板制作（知行合一）。

本项目以小功放 PCB 板为综合实例，讲解印制电路板的整体制作过程，培养学生制作电路板的实用技能，使其积累一定的电路板制作经验。

任务1　印制电路板设计流程

熟悉 PCB 板的设计流程，为 PCB 板的设计制定工作计划。

5.1.1　产品原理图设计

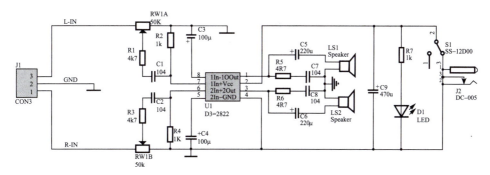

图 5-1　小功放电气原理图

5.1.2　产品 PCB 设计

在设计产品 PCB 时，设计人员要了解产品 PCB 设计要求。在企业中，一般由产品结构工程师或者模具设计师提供规范。

1. 印制电路板尺寸形状要求

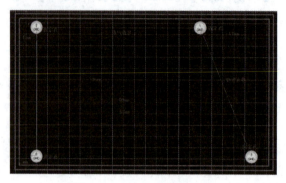

图 5 –2　PCB 电路板尺寸

2. 元器件封装要求

（1）DC –005 系列插孔

图 5 –3　DC –005 插孔的外形

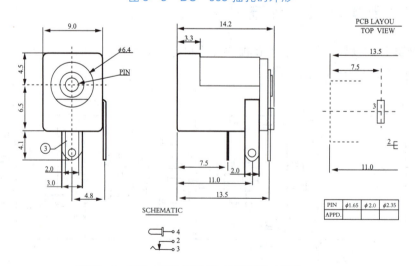

图 5 –4　DC –005 插孔尺寸三视图（单位：mm）

（2）双联电位器

柱体直径————16mm
总 轴 长————15mm
螺纹长度————7mm
螺纹直径————7mm
阻 值————B10K
轴 直 径————6mm
左右脚距————5mm
上下脚距————6mm

图5-5 双联电位器外形及尺寸

（3）电源开关SS-12D00

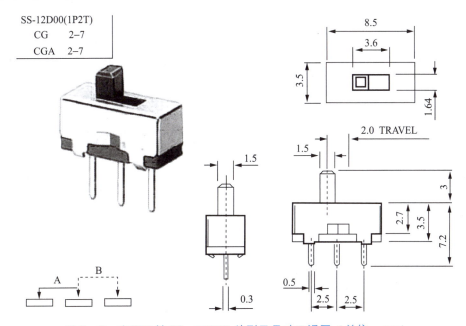

图5-6 电源开关SS-12D00外形及尺寸三视图（单位：mm）

任务2 制作原理图元件并绘制原理图

通过对本产品原理分析，绘制原理图，由于在原理图库中没有集成芯片 D2822 和双联电位器，为了使得原理图设计得以顺利进行，所以首先必须先自制这两个元件，下面来介绍它的设计过程和步骤。

5.2.1 制作原理图元件

1. 制作集成芯片 D2822

（1）画元件框架。进入原理图编辑器，执行菜单命令【工具】/【新元件】，把弹出的窗口内容更改为 D2822，单击画图工具栏上"矩形"按钮，以十字中心为起始点，在第四象限拖动鼠标左键，此时淡黄色区域可随鼠标任意缩放——注意纵横的格数。

（2）放置、编辑管脚。执行菜单命令【放置】/【引脚】，依次编辑脚名、脚号。输入脚电性能（Electrical Type）定义为 Input，输出脚电性能（Electrical Type）定义为 output，其余未知的脚电性能定义为 passive，显示脚名、脚号，length = 30。拖动到元件"侧面"适当位置（注意引脚的方向），如图 5 – 7 所示。

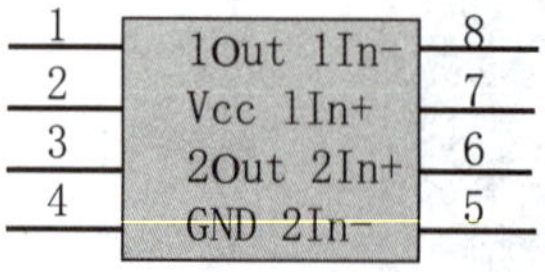

图 5 –7　集成芯片 D2822

（3）元件描述。一般来说把元件从库中调出放置到原理图中，我们发现放置电阻显示"R?"，放置电容显示"C?"，放置集成芯片显示为"U?"，计算机会自动赋予不同元件字符"?"的标号。

执行菜单命令【工具】/【元件属性】，把【default designator】【注释】和【库参考】选项的具体内容编辑成如图 5 – 8 所示，也就是说【default designator】决定了元件的起始符号，【注释】决定了元件的参数或名称。

图 5 –8　集成芯片 D2822 元件属性编辑对话框

2. 制作双联电位器

双联电位器有两个相同的组件（Part），称为复合封装元件，采用"间接法"创建。

（1）寻找元件。切换到原理图编辑器，放置普通电阻 Res1 到工作区，执行【设计】/【建立项目集成库】命令，系统自动生成一个新的元件库，Res1 是库中唯一的一个元件。

（2）复制元件。单击导航区下面的 SchLibrary，切换到库文件浏览状态，在工作区选定电阻 Res1，按【Ctrl + C】组合键。

（3）粘贴元件。单击导航区下面的 Projects，切换到项目文件层次结构，找到目标元件库 SchLib1. SchLib，执行菜单命令【工具】/【新元件】，把弹出的窗口内容更改为 RW，移动鼠标到中间大十字线，按【Ctrl + V】组合键，Res1 粘贴在鼠标上，移动到坐标中心放下。

（4）编辑、显示脚号。在项目库中找到电阻 Res1，双击每一个管脚，勾选脚号（使其显示），然后再放置第 3 个管脚，编辑脚的长度、电特性（passive）、脚名（不显示）。

（5）创建组件2。首先复制 Part A，再切换到 Part B，编辑修改管脚。

（6）元件描述。执行菜单命令【工具】/【元件属性】，编辑 Default Designator 中【注释】和【库参考】选项的具体内容。

（7）删除项目库。删除项目库，到此元件制作完成，双联电位器如图5-9所示。

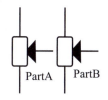

PartA   PartB

图5-9 双联电位器 RW

5.2.2 绘制原理图

按照图5-1绘制产品原理图。

任务3 确定元件的 PCB 封装形式并自制特殊元件的 PCB 封装

5.3.1 确定普通元件的 PCB 封装形式

标准封装的元器件，可以根据元件消耗的功率、产品结构工程师提供的安装位置和形状尺寸要求及该类元件已有的封装形式来确定元件封装。而一些在 Protel DXP 中没有的标准封装的元件则必修根据需要确定形状，在 Protel DXP 中自制元件的 PCB 封装。

如本例中，芯片 D2822 为标准封装的元器件。查器件的数据手册（datasheet），生产厂家提供了 dip-8 和 SO-8 等标准封装，其中 dip-8 封装为通孔双列直插，体积较大；SO-8 封装为表面贴，体积较小。所以要根据 PCB 板的尺寸来选择合适的元件封装形式。

5.3.2 自制特殊元件的 PCB 封装

在本项目中，双联电位器，DC 插座，电源开关（SS-12D00）在 Protel DXP 中都没有标准的封装，而实际上厂家提供的封装有很多形式，因此要按照设计要求确定器件尺寸，在选择符合要求的器件后，按照元件的尺寸自制封装，本例中三个元件的封装尺寸在设计要求中已经给定，按照给出的尺寸自制元件封装图，如图5-10所示。

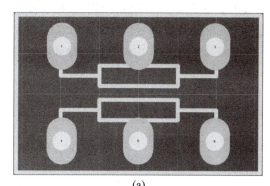

(a)

图5-10 自制元件 PCB 封装效果图

（a）双联电位器

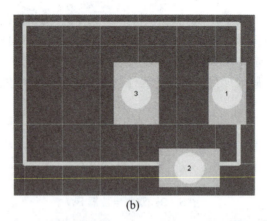

(b)

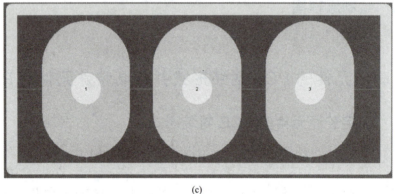

(c)

图 5 - 10　自制元件 PCB 封装效果图（续）

（b）DC 插座；（c）电源开关（SS - 12D00）

说明：

（1）自制封装时，最关键的尺寸是焊盘间的间距不能大也不能小，焊盘外径（D_1）与孔径（D）不能比元件引脚尺寸（d）小，一般 $D_1 \geq D + 0.6$，$D \geq d + 0.2$（此处只针对圆形的焊盘孔讨论），当然这与产品使用的焊接工艺有关。目前生产中一般有浸焊、波峰焊和回流焊等，不同的焊接技术要求不同，详细要求可以参考相关标准。另外，封装外形尺寸可以大于器件的外形尺寸，但是不能小于器件的外形尺寸，主要是为了防止元件无法安装。

（2）对于初次接触封装的设计人员，在绘制元件封装时，如果对元件不能确定其尺寸是否正确时，则可以把绘制的元件封装按照 1:1 的比例打印出来，与实际元件进行比对。

（3）建议读者自建一个封装库，把平常用到的元件全部收集在这个封装库中，便于设计时直接调用，提高工作效率。

任务 4　PCB 板设计

5.4.1　生成网络表、载入 PCB 引脚封装

虽然在 Protel DXP 中，不一定要通过载入网络表才能调入 PCB 元件引脚封装，但可以通过网络表查看各原理图元件的编号、封装及元件之间的网络连接是否正确。

执行【Design】/【Netlist】/【Protel】菜单命令，将建立"小功放.Net"网络表文件。

注意：网络表产生后，必须自己打开网络表文件，仔细检查各元件的编号、封装及元件之间的网络连接是否正确，如果有错，必须回到原理图中进行修改后，将原网络表文件关闭并移出工程文件，再次生成后检查，直到没有错误。

5.4.2　PCB 布局

元件布局有两种方法，一种为自动布局，该方法利用 PCB 编辑器的自动布局功能，按照一定的规则自动将元件分布于电路板框内。该方法简单方便，但由于其智能化程度不高，不可能考虑到具体电路在电气特性方面的不同要求，所以很难满足实际要求；另一种为手工布局，设计者根据自身经验、具体设计要求对 PCB 元件进行布局，该方法取决于设计者的经验和电子技术知识的丰富与否，可以充分考虑电气特性方面的要求，但需花费较多的时间。一般情况下我们可以采用二者结合的方法，先自动布局，形成一个大概的布局轮廓，然后根据实际需要再进行手工调整。

执行【Tools】【工具】/【Auto Placement】【自动布局】/【Auto Place...】菜单命令，如图5-11所示。

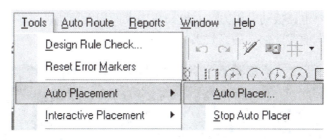

图 5-11　自动布局对话框

选择【Cluster Placer】群组方式布局元件，单击【OK】按钮，启动自动布局过程。自动布局完成后，可以看到自动布局的结果很不理想，必须进行手工调整。根据布局规则，仔细调整电路中的元件位置以及元件编号，最终整体电路板布局效果如图5-12所示。

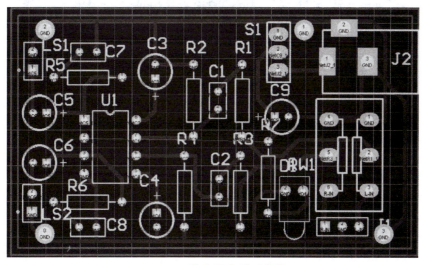

图 5-12　元件布局完成后的效果图

5.4.3 PCB 布线

布线也有两种方式：自动布线和手工布线。与自动布局和手工布局一样，各有各的优缺点。自动布线方便快捷，但不一定满足电气特性方面的要求；手工布线要求布线者具有较丰富的实际经验，且工作量较大，耗时较多。所以一般也采用二者结合的方法，先进行自动布线，然后手工修改不合理的导线，甚至可以采用先预布一定导线锁定后，再采取自动布线与手工调整相结合的方法。

如果要采用自动布线，必须先设置好布线规则，PCB 编辑器才能按照预设的布线规则自动地完成导线的绘制。并非所有的布线规则都需要重新设置，在一般电路板中，只需依据实际情况或设计要求对主要的布线规则进行设置，而其他规则可以采用默认参数。一般主要的布线规则有布线层面选择和导线宽度设置。

执行【Auto Route】【自动布线】／【All】菜单命令，弹出自动布线策略选择对话框，一般采用默认第一项参数即可。

最后手工调整布线，最终得到整体电路板布线效果如图 5 – 12 所示。

为了电路板的固定和安装，可以添加安装孔，同时，为了提高电路板的抗干扰能力、导电能力以及导线对电路板的黏附力，对电路板中大面积无导线区域和对干扰较敏感的区域可以进行地线和电源线敷铜，最终效果如图 5 – 13 所示。

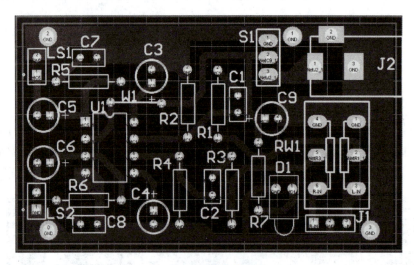

图 5 – 13　敷铜效果图

任务 5　PCB 板制作

5.5.1　准备工作

准备好绘制好的 PCB 图、打印机、感光板、玻璃、台灯、显影粉等。

5.5.2　制作 PCB 板流程

1. 准备好电路图

注意设计 PCB 板时，不要把线画得太细（一般在 10mil 以上）太细易断。自己估计好感光时间。

2. 打印 PCB 板图

把设计好的电路图用激光（喷墨）打印机以透明、半透明的胶片或70g 复印纸打印（激光最细0.2mm，喷墨最细0.3mm）。采用激光打印机，以上材质的纸张都能打印；如果用喷墨打印机，最好不要用半透明的硫酸纸，硫酸纸打印效果不好，墨水有时候会散开来，本来1mm 的线就变成1.2mm。当然，如果线距有2～3mm 宽，就没问题。实在找不到好的透明纸，用普通的 A4 白纸也可以。小功放电路打印后的底层 PCB 板如图 5 – 14 所示。打印底层、机械层1、多层、钻孔，只能采用黑白打印。注意：打印原稿时要根据曝光膜的感光方式，正确选择打印正片或负片，电路图打印墨水（碳粉）面必须与绿色的感光膜面紧密接触，以获得最高的解析度。线路部分如有透光破洞，应用油性黑笔修补。稿面需保持清洁无污物。

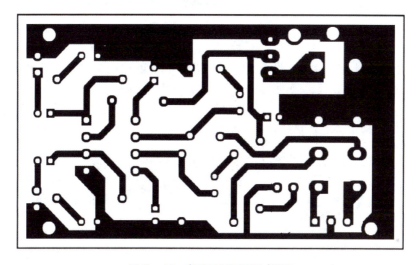

图 5 – 14　打印后的 PCB 板图

3. 曝光

首先要准备好感光板。生产感光板的厂家有很多，这里以金电子感光板（如图5 – 15 所示）为例。金电子感光板在包装盒上面写着感光只要8min，但如果 PCB 图打印在白纸上的话，8min 是远远不够的，上面写的8min 是针对透明胶片的，一般普通的白纸，需要曝光30～40min。根据设计 PCB 板大小，裁剪感光板。

然后是准备感光设备。最简易的方式就是，两块玻璃，一盏台灯。接下来是感光。首先撕掉保护膜，将打印好的线路图的打印面（碳粉面/墨水面）贴在感光膜面上，再用玻璃紧压原稿及感光板，越紧密解析度越好。可以用9W 日光灯曝光，距离4cm（玻璃至灯管间距），标准时间：8～10min（透明稿），13～15min（半透明稿），30～40min（70g 复印纸）。用太阳光曝光：强太阳光透明稿需1～2min（半透明稿件需2～4min）；弱日光透明稿需5～10min（半透明稿需10～15min）。注意：制造日期超过半年时，每半年需要增加10%～15%的曝光时间；用日光灯曝光的方法如感光板宽度超过10cm 时，请以两支日光灯平均照射或以1 支灯分2 区或3 区照射；请保持感光板板面及原稿清洁。

图5－15　金电子感光板

4. 显影

采用金电子专用显影粉，按照说明书上介绍用1:20的比例配制好显影水（如图5－16所示），将曝光好的PCB板，膜面朝上放进显影水中泡大约1min，看到PCB板清晰的线条出现就好。注意：显像液越浓，显像速度越快，但过快会造成显像过度（线路会全部模糊缩小）；过稀则显像很慢。在显像过程中应轻轻摇动塑料盆，这样可以加快显像速度。

图5－16　配制显影水

5. 蚀刻

配制蚀刻剂，简单地用三氯化铁溶液就可，浓度尽量高点，使三氯化铁溶解了即可，块状三氯化铁，热水按质量1:3的比例调配。蚀刻时间在10～30min，蚀刻时间与三氯化铁的浓度有关系，浓度高时间短，浓度低时间就长。注意：感光膜可以直接焊接不必去除，如需要去除可以用酒精。

6. 钻孔

用手电钻在PCB板上的对应位置钻孔。

至此PCB板基本完工。

实践练习

1. 自制元件 U3；
2. 自制元件的封装 J1，如图 5 – 17 所示；

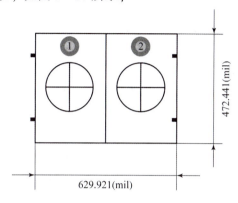

图 5 – 17　自制元件封装

3. 完成此图的原理图绘制，如图 5 – 18 所示，图纸用 A4 图纸，图纸底色设置成白色；

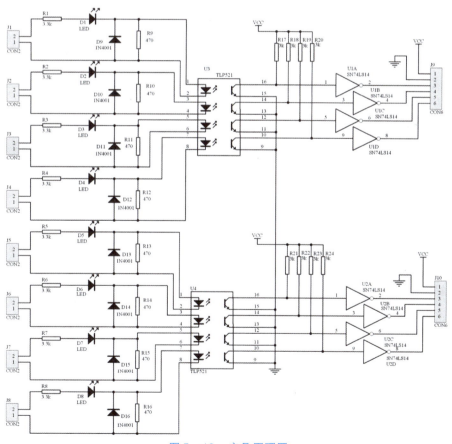

图 5 – 18　产品原理图

4. 绘出此电路的 PCB 板图，要求用两层板制作，板框尺寸为 70×70mm，电源（含输入与输出电源、地线的走线宽度为 4mm；

5. 每个原理图元件都应该正确的设置封装（FootPrint）、设计号（Designator）、参数（Part）；

6. 要求制 PCB 板前，生成 ERC 报表文件，网络表文件，原理图元器件清单报表文件；

7. 采用插针式元件；

8. 电源与地网络的优先级为 4 级，其他为 1 级；

9. 同一元件焊盘之间最多允许走两根铜膜线；

10. 所有焊盘补泪滴。

项目六

单片机实验板 PCB 板的设计

【项目说明】

某高校开发单片机实验板，既可以作为主控制模块安装于控制系统中执行控制任务，也可以用作实验板，完成单片机各类通用实验，操作简单，控制结果可见，性价比高，可以应用于高校的实验室等场合，具有一定的实用价值和现实意义。

【任务要求】

（1）根据提供的参考资料，绘制详细原理图；

（2）根据行业规范，设计合适规格的双面 PCB 板。

【学习目标】

（1）掌握层次原理图的设计方法；

（2）掌握设计 PCB 板的方法和技巧。

【能力目标】

（1）能够绘制复杂层次电路原理图（分工合作）；

（2）能够手动布局及修改布线（遵纪守法）；

（3）能够绘制复杂双面 PCB 板（勤思多练，追求极致）；

通过完成本项目的任务，让学生能够绘制复杂层次电路原理图，为进一步提升绘制复杂双面 PCB 板的能力做铺垫。

任务 1　单片机实验板的介绍

本实例设计的单片机实验板是以 ATMEL 公司生产的 AT89S 系列单片机为主控制芯片，本着以单片机原理为基础、以接口技术为重点、以应用系统设计为目的的宗旨，开发了这套实验教学系统，主要功能如图 6 – 1 所示。

6.1.1　层次原理图

随着电路的集成化程度越来越高，电路设计中的大部分电路都是比较复杂的电路。用一张电路原理图来绘制显得比较困难，此时我们可以采用层次电路来简化电路。层次电路实际上是一种模块化的设计方法，就是将要设计的电路划分为若干个功能模块，每个功能模块又可以再分为许多的基本功能模块。设计好基本功能模块，并且定义好各个模块之间的连接关系，就可以完成整个设计过程。

层次原理图的设计方法实际上是一种模块化的设计方法。用户可以将系统划分为多个子系统，子系统又可划分为若干个功能模块，功能模块再细分为若干个基本模块。设计好基本模块并定义好模块之间的连接关系，即可完成整个设计过程。

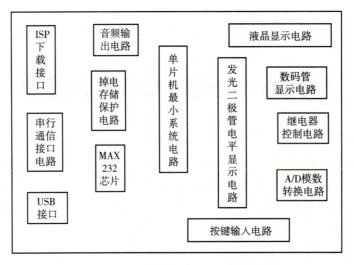

图6-1 单片机实验板功能框图

设计时，可以从系统开始逐级向下进行，也可以从基本模块开始逐级向上进行，还可以调用相同的原理图重复使用。

1. 自上而下的设计方法

所谓自上而下就是由电路方块图产生原理图，因此用自上而下的方法来设计层次原理图，首先应放置电路方块图，其流程如图6-2所示。

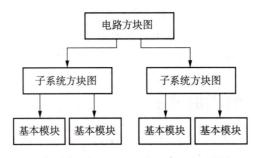

图6-2 自上而下的层次原理图设计流程

2. 自下而上的层次原理图设计方法

所谓自下而上就是由原理图（基本模块）产生电路方块图，因此用自下而上的方法来设计层次原理图，首先需要放置原理图，其流程如图6-3所示。

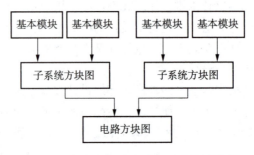

图6-3 自下而上的层次原理图设计流程

6.1.2　层次原理图设计

单片机实验板的主要功能模块如图 6 - 1 所示。下面，设计其原理图，设计过程按照如下步骤进行。

1）选择需要放置的元件。选择需要的元件，并将它们放置在图纸上，放置元件的操作可以参考本项目前面的讲解。

2）编辑元件。如果各元件需要修改属性，则可以执行编辑命令，对各元件进行编辑。具体包括修改元件流水号、元件的参数（如电阻的阻值）以及元件的封装类型等。编辑元件操作的详细过程均可以参考前面有关项目的讲解。

3）调整元件位置。如果元件放置很零乱，则需要对元件的位置进行调整，精确调整位置后，就可以进行线路连接操作，线路连接与节点放置是同时进行的。

4）连接线路。首先将 Wiring Tools 工具栏装载到当前图纸，然后执行连线命令，也可以执行 Place→Wire 菜单命令来实现。

5）添加网络。有时，需要连接的元件引脚相隔较远或者在不同的原理图中，则可以添加网络到相应的元件引脚上。

如果需要，还可以绘制电路方块图表示某个原理图文件，并且在原理图文件中放置相应的出入端口，这将在下一小节介绍。

一、绘制主原理图

1. 创建项目文件和主原理图文件

新建一个 PCB 工程，命名为"单片机实验板 . PrjPCB"并保存，在工程中新建一个原理图文件"dly. SchDoc"。

执行【文件】→【新建】→【工程】→【PCB 工程】菜单命令，这样就生成了一个后缀名为"PrjPCB"的工程文件，如图 6 - 4 所示。

执行【文件】→【新建】→【原理图】菜单命令，如图 6 - 5 所示。或使用鼠标选中工程名称，在右键快捷菜单中执行【给工程添加新的（N）】→【Schematic】菜单命令，如图 6 - 6 所示。这样就生成了一个后缀名为"SchDoc"的原理图文件。

2. 绘制图纸符号

如图 6 - 7 所示，执行【放置】→【图表符】菜单命令，执行命令后光标变为"十"字形状，并带着方块电路，如图 6 - 8 所示。

将光标移动到适当的位置后，单击鼠标左键，确定方块电路的左上角位置。然后拖动鼠标，移动到适当的位置后，单击鼠标左键，确定方块电路的右下角位置。这样就定义了方块电路的大小和位置。

方块图表示一个电路的模块，它是一个黑匣子，我们不关心它里面装了什么，只需要知道它的功能和它的接口即可。

放置方块图时按【Tab】键或放置后双击方块图会出现"方块符号"对话框，如图 6 - 9 所示，可以在对话框中设置它的属性。

其中，"设计者"为方块电路图的序号，可以表示该模块的功能，它是不能与其他方块图的设计者重名的，这里将它设置为"MCU"，如图 6 - 10 所示。

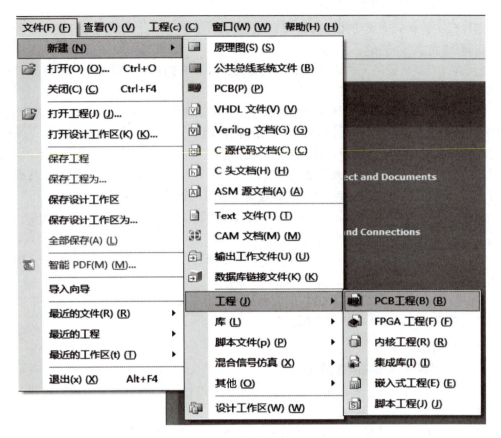

图 6 - 4　新建 PCB 工程

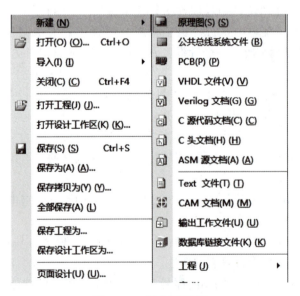

图 6 - 5　新建原理图

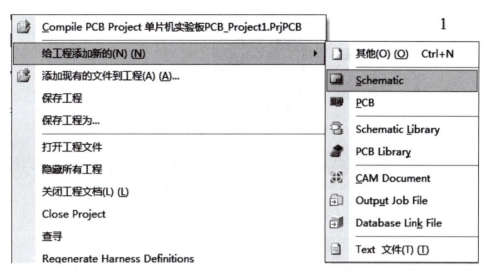

图6-6　添加原理图

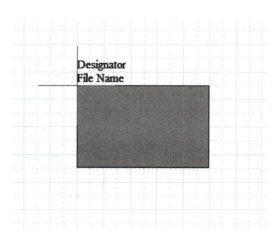

图6-7　放置图表符图　　　　图6-8　绘制方块图

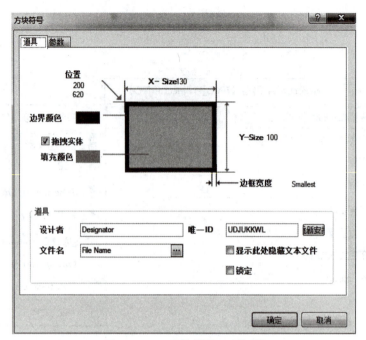

图 6 −9 "方块符号"对话框

"文件名"为该方块图所对应的子图，也就是黑匣子里面的内容，因此文件名必须准确，这里设置为"MCU. SchDoc"。

如果要更改方块电路名，除了在属性对话框中修外，也可以用鼠标双击文字标注，就会弹出"方块符号指示者"对话框，在对话框中可以进行修改，如图6 − 11 所示。

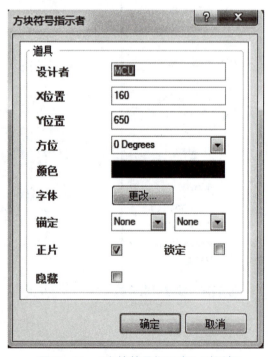

图 6 −10 "MCU"模块方块图　　　　　图 6 −11 "方块符号指示者"对话框

绘制完一个方块电路后，系统仍处于放置方块电路的命令状态下，可以用同样的方法放置第二个方块图，因为表示显示模块电路，故将方块符号指示者设置为"DLY"，方块符号文件名设置为"DLY. SchDoc"。

3. 放置图纸入口

放置图纸入口，执行【放置】→【添加图纸入口】菜单命令或单击工具栏的图纸入口 ▶ 按钮。执行完命令后，光标变为"十"字形状，然后在需要放置入口的方块图上单击鼠标左键，此时光标处就带着方块电路的端口符号，在命令状态下按【Tab】键，系统弹出"方块入口"对话框，在对话框中输入相应的名称及 I/O 类型，如图 6 – 12 所示。

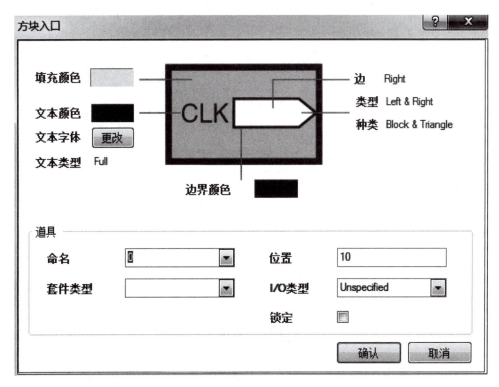

图 6 –12 "方块入口"对话框

"命名"即为端口的网络，它与网络标号一样具有电气特性，因此必须与对应的网络一致。"I/O 类型"包括"输入（Input）"、"输出（Output）"、"无方向（Unspecified）"和"双向（Bidirectional）"几种类型。

二、连接图纸入口，添加网络标签

设置完属性后，将光标移动到适当的位置，单击鼠标左键将其定位，使用同样的方法完成本项目所有端口的设置，并将电气上具有连接关系的端口用导线或总线连接在一起，如图 6 – 13 所示。

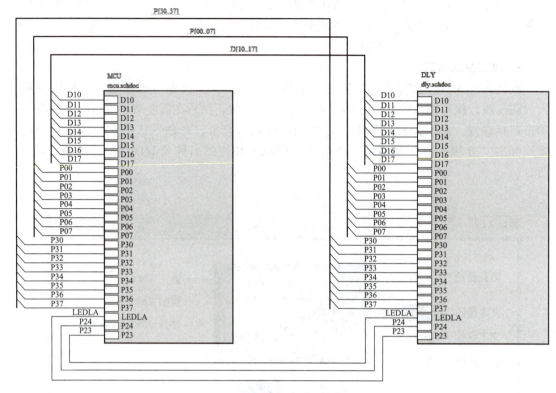

图 6 - 13　绘制完成的方块图

三、产生并绘制 CPU 模块子原理图

如图 6 - 14 所示，用前面所学内容，绘制单片机实验板 CPU 模块子原理图。需要注意的是端口、总线、网络标签之间的连接关系。

四、产生并绘制 DLY 模块子原理图

如图 6 - 15 所示，用前面所学，绘制 DLY 模块子原理图。需要注意的是端口、总线、网络标签之间的连接关系。

五、产生并绘制 AD/DA 转换模块子原理图

如图 6 - 16 所示，用前面所学内容，绘制 AD/DA 转换模块子原理图。需要注意的是网络标签和引脚之间的对应关系。

六、产生和绘制通信模块子原理图

如图 6 - 17 所示，用前面所学内容，绘制通信模块子原理图。需要注意的是网络标签和引脚之间的对应关系。

七、产生绘制电源模块子原理图

如图 6 - 18 所示，用前面所学内容，绘制电源模块子原理图。需要注意的是各个元件之间的连接关系。

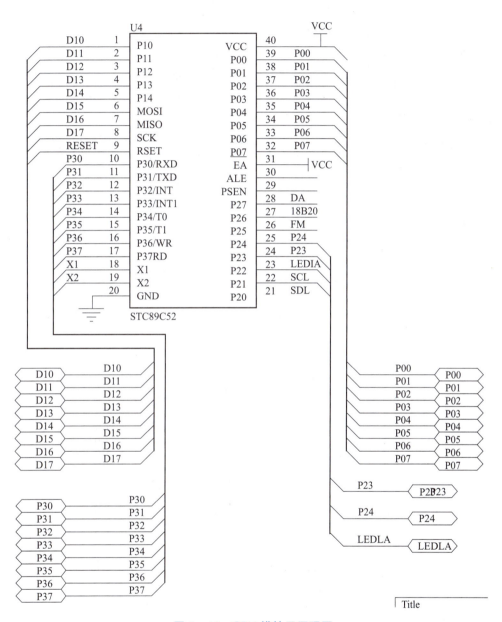

图 6－14　CPU 模块子原理图

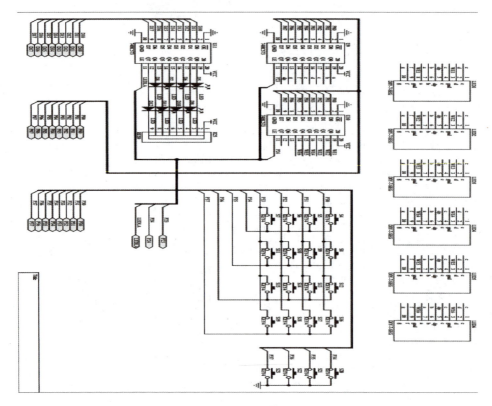

图 6-15　DLY 模块子原理图

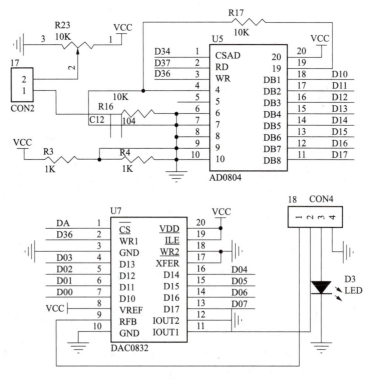

图 6-16　AD/DA 转换模块子原理图

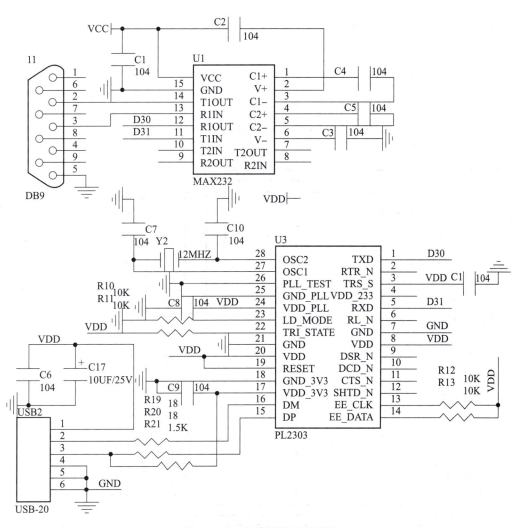

图 6-17　通信模块子原理图

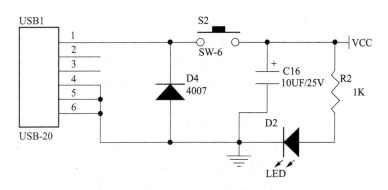

图 6-18　电源模块子原理图

任务2 PCB 板设计

6.2.1 确定元件封装

一、绘制原理图

单片机实验板的原理图如图 6-19、图 6-20、图 6-21 所示，具体的绘制过程请参考本项目任务 1 内容。

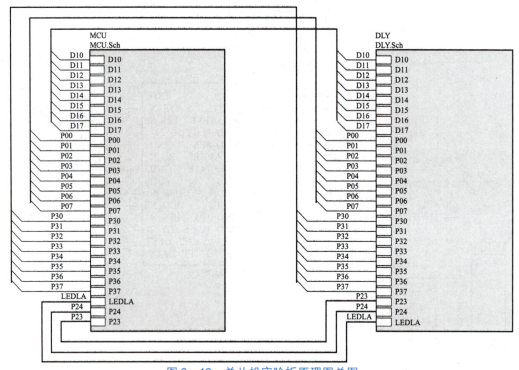

图 6-19 单片机实验板原理图总图

二、确定合适的元件封装

确定元件封装虽然是在原理图绘制过程中完成，但对于 PCB 板的制作至关重要。PCB 板中载入的 PCB 元件就是根据原理图中确定的管脚封装，从封装库中调出而形成的，因此，原理图元件的连接关系和 PCB 的管脚封装、PCB 板铜箔走线是一一对应的，只是二者的表达方式和侧重点不同而已。

另外，在确定元件管脚封装时，不能采取死记硬背的方法。部分初学者，特别是临时参加考证的学生，死记硬背元件封装，遇到电阻，不管体积和功率大小都盲目的采用"AXIAL-0.4"，这样势必导致制作的 PCB 板无法满足实际元件的装配需要。因此，在确定管脚封装前，应对电路中的元件有充足的了解，必要时采用卡尺进行实际测量，可结合项目六中介绍的常用元件管脚封装，合理选择。

对于单片机实验板中各元件的管脚封装，我们综合考虑如下。

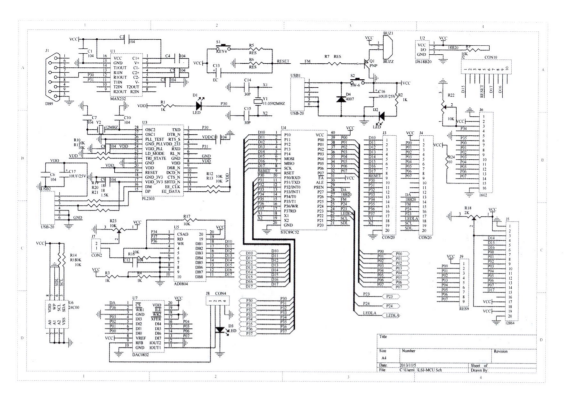

图6-20 单片机实验板原理图子图

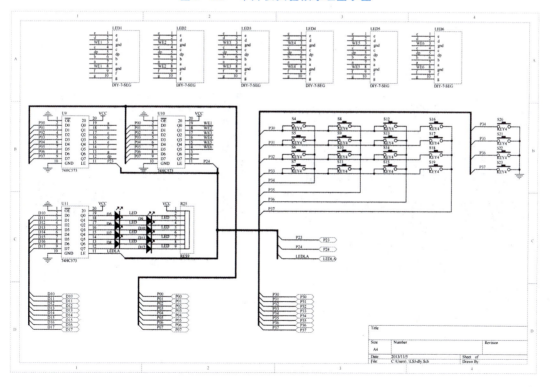

图6-21 单片机实验板原理图子图

24C00C 采用贴片式元件封装，焊盘个数为 8 个，焊盘水平间距为 244mil，垂直间距为 50mil，如图 6 – 22 所示。

74HC573 采用贴片式元件封装，焊盘个数为 20 个，焊盘水平间距为 393mil，垂直间距为 50mil，如 6 – 23 所示。

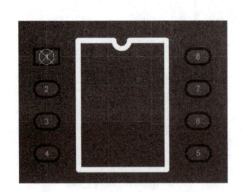

图 6 – 22　24C00C 贴片式元件封装

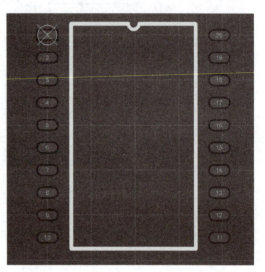

图 6 – 23　74HC573 贴片式元件封装

ADC0804 采用贴片式元件封装，焊盘个数为 20 个，焊盘水平间距为 420mil，垂直间距为 50mil，如图 6 – 24 所示。

DAC0832 采用贴片式元件封装，焊盘个数为 20 个，焊盘水平间距为 420mil，垂直间距为 50mil，如图 6 – 25 所示。

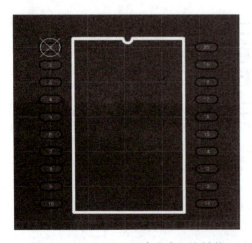

图 6 – 24　ADC0804 贴片式元件封装

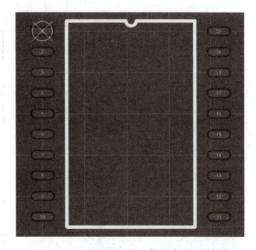

图 6 – 25　DAC0832 贴片式元件封装

DS18B20 采用直插式元件封装，焊盘个数为 3 个，焊盘水平间距为 100mil，如图 6 – 26 所示。

电阻、电容都将采用贴片式元件封装，焊盘个数为 2 个，焊盘水平间距为 90mil，如

图6-27所示。

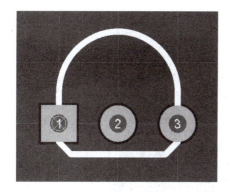

图6-26　DS18B20 直插式元件封装

图6-27　电阻、电容贴片式元件封装

发光二极管将采用贴片式元件封装，焊盘个数为2个，焊盘水平间距为130mil，如图6-28所示。

MAX232将采用直插式元件封装，焊盘个数为16个，焊盘水平间距为300mil，垂直间距为100mil，如图6-29所示。

图6-28　发光二极管贴片式元件封装

图6-29　MAX232 直插式元件封装

PL2303 将采用贴片式元件封装，焊盘个数为 28 个，焊盘水平间距为 322mil，垂直间距为 25.5mil，如图 6 - 30 所示。

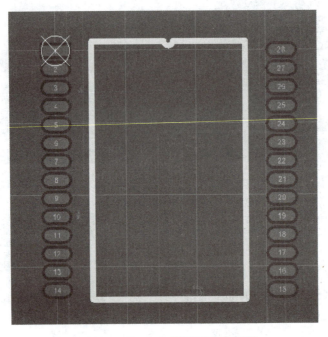

图 6 - 30　PL2303 贴片式元件封装

七段数码管将采用直插式元件封装，焊盘个数为 10 个，焊盘水平间距为 100mil，垂直间距为 600mil，如图 6 - 31 所示。

按键将采用四角按键直插式元件封装，焊盘个数为 4 个，焊盘水平间距为 250mil，垂直间距为 175mil，如图 6 - 32 所示。

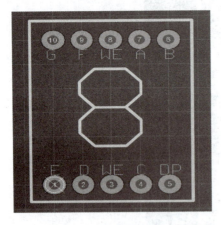

图 6 - 31　七段数码管直插式元件封装

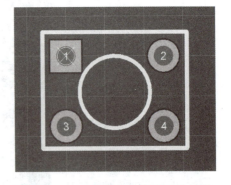

图 6 - 32　四角按键直插式元件封装

USB 插座将采用直插式元件封装，焊盘个数为 6 个，5 号焊盘和 6 号焊盘水平间距为 550mil，1 号焊盘和 2 号焊盘水平间距为 100mil，1 号焊盘和 6 号焊盘水平间距为 130mil，1 号焊盘和 6 号焊盘垂直间距为 120mil，如图 6 - 33 所示。

晶振将采用直插式元件封装，焊盘个数为 2 个，焊盘水平间距为 200mil，如图 6-34 所示。

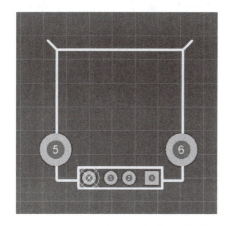

图 6-33 USB 插座直插式元件封装

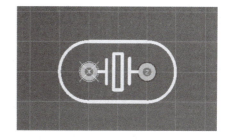

图 6-34 晶振直插式元件封装

三、更改元件引脚封装

下面以 MAX232 为例，说明如何更改元件引脚封装。

1. 打开元件属性对话框

打开原理图文件，双击 MAX232 元件，打开 MAX232 元件属性对话框，如图 6-35 所示，选中图中的【Models for U1 - Component1】模型栏中的 "Footprint" 封装模型，然后单击【添加】按钮。

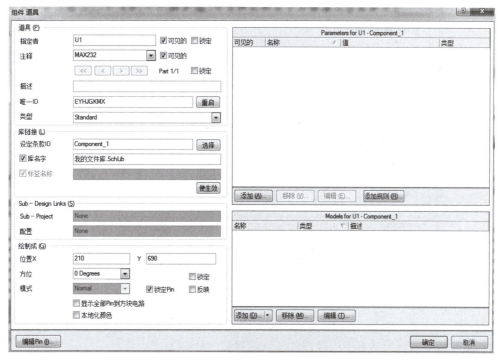

图 6-35 更改 MAX232 元件封装

2. 选择添加新模型类型

单击【添加】按钮，弹出如图 6 – 36 所示的添加新模型类型选择对话框，在【模型类型】下拉列表框中选择 "Footprint"，表示需要添加新封装模型。单击【确定】按钮。

3. 浏览封装库

单击【确定】按钮，弹出如图 6 – 37 所示添加封装对话框，单击【浏览】按钮，弹出封装库浏览对话框，如图 6 – 38 所示，在【库】

图 6 –36　添加新封装模型对话框

下拉列表中选择 "51 实验板最新版 . IntLib"，浏览并选择 MAX232 的封装。

图 6 –37　添加新封装对话框

4. 选定新封装

通过浏览，确定 MAX232 的封装，单击【确定】按钮，回到如图 6 – 39 所示的添加封装对话框，可以看到对话框中已经添加了新的封装 "MAX232"。

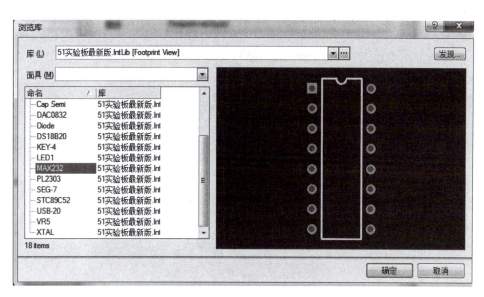

图 6 –38　封装库浏览对话框

图 6 –39　添加新封装对话框

5. 返回设置属性对话框

在如图 6 – 40 所示的添加封装对话框中。单击【确定】按钮，回到如图 6 – 41 所示的属性设置对话框，可以看到 MAX232 的封装已经更改为 "MAX232"，可以单击【确定】按钮完成设置。

图 6 – 40　MAX232 封装已经更改

6.2.2　规划电路板

规划电路板时，必须根据元件的多少、大小，以及电路板的外壳限制等因素确定电路板的尺寸大小。除用户特殊要求外，电路板尺寸应尽量满足电路板外形尺寸国家标准GB9316 – 88 的规定，本列电路板元件比较多，为了讲解演示方便，采用比较大的电路板尺寸：200mm（宽）×100mm（高）。

确定电路板的尺寸大小后，就可以新建 PCB 文件，并规划电路板了。规划电路板有两种方法：一种方法是采用 PCB 板向导规划，此方法快捷、易于操作，是一种较为常用的方法；另一种为新建 PCB 文件后，在机械层手工绘制电路板边框，在禁止布线层手工绘制布线区，标注尺寸，此方法比较复杂，但灵活性较大，可以绘制较为特殊的电路板。此次"51 单片机实验板"采用较为简单的第一种方法，操作结果如图 6 – 41 所示。

图6-41 PCB板向导制作完成的电路板

需要注意的是：

（1）在 PCB 板向导的操作过程中，可以单击【返回】按钮，回到前面的操作步骤修改设置。

（2）完成后及时保存 PCB 文件，否则无法载入元件封装与网络。

6.2.3 载入元件封装与网络

电路板规划好后，接下来的任务就是装入网络和元件封装。在装入网络和元件封装之前，必须装入所需的元件封装库。如果没有装入元件封装库，在装入网络及元件的过程中系统将会提示用户装入过程失败。

一、装入元件封装

根据设计的需要，装入设计印制电路板所需要使用的几个元件库的基本步骤如下：

（1）执行【Design】→【Add/Remove Library】命令，或单击控制面板上的 Libraries 按钮打开元件库浏览器，再单击 Libraries 按钮即可。

（2）执行该命令后，系统会弹出可用元件库对话框，如图 6-42 所示。在该对话框中，可以看到有三个选项卡。

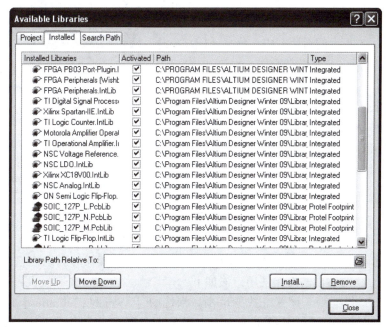

图6-42 可用元件库对话框

221

- Project 选项卡：显示当前项目的 PCB 元件库，在该选项卡中单击【Add Library】即可向当前项目添加元件库。
- Installed 选项卡：显示已经安装的 PCB 元件库，一般情况下，如果要装载外部的元件库，则在该选项卡中实现。在该选项卡中单击【Install】即可装载元件库到当前项目。
- Search Path 选项卡：显示搜索的路径，即如果在当前安装的元件库中没有需要的元件封装，则可以按照搜索的路径进行搜索。

在弹出的打开文件对话框中找出原理图中的所有元件所对应的元件封装库。选中这些库，然后用鼠标单击按钮【打开】，即可添加这些元件库。用户可以选择一些自己设计所需的元件库。

（3）添加完所有需要的元件封装库，然后单击【OK】按钮完成该操作，即可将所选中的元件库装入。

二、浏览元件库

当装入元件库后，可以对装入的元件库进行浏览，查看是否满足设计要求。因为 Altium Designer 为用户提供了大量的 PCB 元件库，所以进行电路板设计制作时，也需要浏览元件库，选择自己需要的元件，浏览元件库的具体操作方法如下：

（1）执行【Design】→【Browse Components】命令，执行该命令后，系统会弹出浏览元件库对话框，如图 6-43 所示。

（2）在该对话框中可以查看元件的类别和形状等。

- 在图 6-43 所示的对话框中，单击【Libraries】按钮，则可以进行元件库的装载操作。

- 单击【Search】按钮，则系统弹出搜索元件库对话框，如图 6-44 所示。此时可以进行元件或封装的搜索操作。

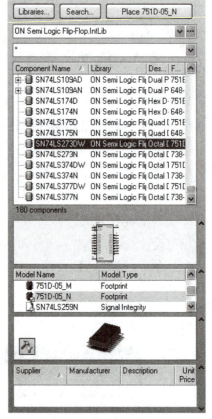

图 6-43　浏览元件库对话框

- 单击【Place】按钮可以将选中的元件封装放置到电路板。

三、搜索元件库

在图 6-43 所示的对话框中，单击【Search】按钮，则系统弹出搜索元件库对话框，如图 6-44 所示。此时可以进行元件的搜索操作。

1. 查找元件

在该对话框中，可以设定查找对象以及查找范围，可以查找的对象为包含在 .lib 文件中的元件封装。该对话框的操作使用方法如下：

（1）Scope 操作框用来设置查找的范围。当选中【Available Libraries】时，则在已经装载的元件库中查找；当选中【Libraries on path】时，则在指定的目录中进行查找。

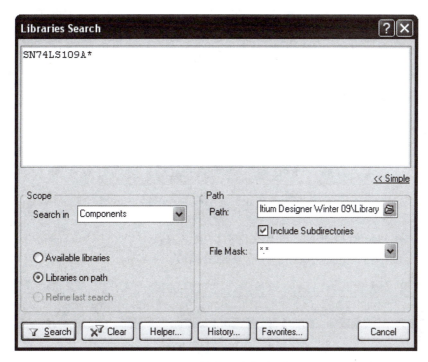

图 6 - 44　搜索元件库对话框

（2）Path 操作框用来设定查找的对象的路径，该操作框的设置只有在选中【Libraries on path】时有效。Path 编辑框设置查找的目录，选中【Include Subdirectories】则包含指定目录中的子目录也进行搜索。如果单击 Path 右侧的按钮，则系统会弹出浏览文件夹，可以设置搜索路径。File Mask 可以设定查找对象的文件匹配域，"＊"表示匹配任何字符串。

（3）Search In 下拉列表可以选择查找对象的模型类别，如元件库、封装库或 3D 模型库。

（4）最上面的空白编辑框中可以输入需要查询的元件或封装名称。如本例的 SN74LS109A＊封装。

然后就可以单击【Search】按钮，Altium Designer 就会在指定的目录中进行搜索。同时，图 6 - 44 的对话框会暂时隐藏，且界面中的【Search】按钮会变成【Stop】按钮。如果需要停止搜索，则可以单击【Stop】按钮。

2. 找到元件

当找到元件封装后，系统将会在如图 6 - 43 所示的浏览元件库对话框中显示结果。在上面的信息框中显示该元件封装名，如本例的 SN74LS109A＊，会查找出具有"SN74LS109A"字符串的所有元件封装，并显示其所在的元件库名，在下面显示元件封装形状。

查找到需要的元件后，可以将该元件所在的元件库直接放置到 PCB 文档中，进行设计。

四、网络与元件的装载

原理图和电路板规划完成后，就需要将原理图的设计信息传递到 PCB 编辑器中，进行电路板的具体设计。原理图向 PCB 编辑器传递的信息主要为元件封装和网络（即元件管脚之间的电气连接关系）。

Altium Designer 实现了真正的双向同步设计，元件封装和网络信息既可通过原理图编辑器中更新 PCB 文件来实现，也可通过在 PCB 编辑器中导入原理图的变化来实现。下面介绍第一种方法，即在原理图编辑器中如何利用提供的同步功能，更新 PCB 编辑器的封装和网络。步骤如下：

（1）打开原理图文件，如图 6 - 45 所示，执行【设计】→【Update PCB Document PCB1.PcbDoc】菜单命令，更新 PCB 文件 PCB1.PcbDoc。

图 6 - 45　载入网络表菜单

出现如图 6 - 46 所示的更新 PCB 文件对话框，主要由"Add Components"（添加管脚封装）和"Add Nets"（添加网络连接）两部分构成。

工程上改变清单					状况		
更改							
使能	行为	受影响对象		受影响文档	检查	完成	消息
	Add Components(106)						
✓	Add	BUZ1	To	PCB1.PcbDoc			
✓	Add	C1	To	PCB1.PcbDoc			
✓	Add	C2	To	PCB1.PcbDoc			
✓	Add	C3	To	PCB1.PcbDoc			
✓	Add	C4	To	PCB1.PcbDoc			
✓	Add	C5	To	PCB1.PcbDoc			
✓	Add	C6	To	PCB1.PcbDoc			
✓	Add	C7	To	PCB1.PcbDoc			
✓	Add	C8	To	PCB1.PcbDoc			
✓	Add	C9	To	PCB1.PcbDoc			
✓	Add	C10	To	PCB1.PcbDoc			
✓	Add	C11	To	PCB1.PcbDoc			
✓	Add	C12	To	PCB1.PcbDoc			
✓	Add	C13	To	PCB1.PcbDoc			
✓	Add	C14	To	PCB1.PcbDoc			
✓	Add	C15	To	PCB1.PcbDoc			
✓	Add	C16	To	PCB1.PcbDoc			
✓	Add	C17	To	PCB1.PcbDoc			
✓	Add	D1	To	PCB1.PcbDoc			
✓	Add	D2	To	PCB1.PcbDoc			
✓	Add	D3	To	PCB1.PcbDoc			

使更改生效	执行更改	更高报告(R)	☐ 仅显示错误		关闭

图 6 - 46　更新 PCB 文件对话框

（2）在如图 6 - 46 所示的更新 PCB 文件对话框中，单击【使更改生效】按钮，操作过程中将在"状况"状态栏中的"检查"列中显示各个操作是否能正确执行，其中正确的显示为绿色的"√"，错误的显示为红色的"×"，如图 6 - 47 所示。

（3）在如图 6 - 47 中所示的元件更新对话框中，如果有效更新标志全部正确，说明 PCB 编辑器中可以在 PCB 封装库中找到所有元件的管脚封装，网络连接也正确。叮单击【执行更改】按钮，执行更新，软件将自动转到打开向导新建的 PCB 文件，将各封装元件和网络连接载入 PCB 文件中。操作过程中，将在"状况"栏中的"完成"执行列中显示各操作是否已经正确执行，如图 6 - 48 所示。完成后单击【关闭】按钮，可以看到 PCB 编辑器中已经载入了各个封装元件以及它们之间的网络连接，如图 6 - 49 所示。

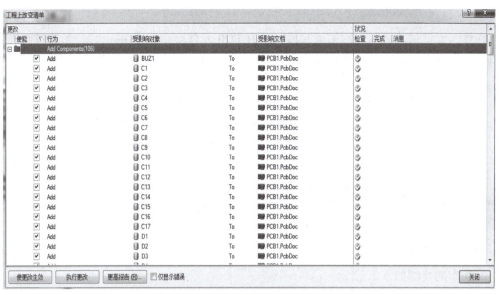

图6 –47　检查更新是否有效

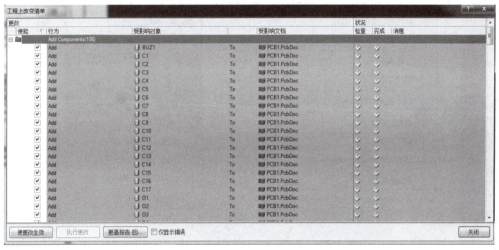

图6 –48　执行更新载入各封装元件和网络连接

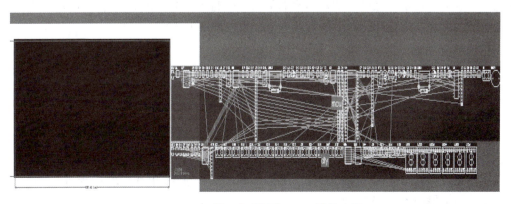

图6 –49　装入电路板的 PCB 封装元件

6.2.4　元件布局

在载入元件封装管脚和网络连接后，所有 PCB 元件全部重叠在一起，无法进行布线。所以，在布线之前，必须将元件按照设计要求分布在电路板上，以便于元件的布线、安装、焊接和调试。

元件布局有两种方法，一种为自动布局。该方法利用 PCB 编辑器的自动布局功能，按照一定的规则自动将元件分布于电路板框内。该方法简单方便，但由于其智能化程度不高，不可能考虑到具体电路在电气特性方面的不同要求，所以很难满足实际要求。另一种为手工布局。设计者根据自身经验、具体设计要求对 PCB 元件进行布局。该方法取决于设计者的经验和丰富的电子技术知识，可以充分考虑电气特性方面的要求，但需花费较多的时间。一般情况下我们可以采取二者结合的方法，先自动布局，形成一个大概的布局轮廓，然后根据实际需要再进行手工调整。

一、自动布局

自动布局步骤如下。

（1）执行【工具】→【器件布局】→【自动布局】菜单命令，如图 6-50 所示。

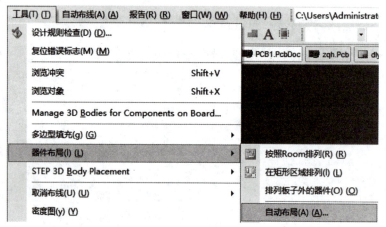

图 6-50　自动布局菜单命令

（2）出现如图 6-51 所示的自动布局对话框，选择"成群的放置项"，以组群方式布局元件，单击【确定】按钮，启动自动布局过程。自动布局完成后的布局结果如图 6-52 所示，可以看到自动布局的结果很不理想，必须进行手工调整。

二、手工布局

自动布局后的结果可能不太令人满意，还需要用手工布局的方法，重新调整元件的布局，使之在满足电气功能要求的同时，更加优化、更加美观。手工调整元件布局，包括元件的选取、移动、旋转等操作。

手工布局过程中需要注意各元件不要重叠，功率较大元件位置不能靠得太近，尽量使飞线不要交叉，飞线长度较短；电路板中元件尽量均匀分布，不要全部挤到一角或一边，以便于和原理图对照分析，方便安装、维修、调试等。对 51 单片机实验板进行手工布局调整，布局结果如图 6-53 所示。

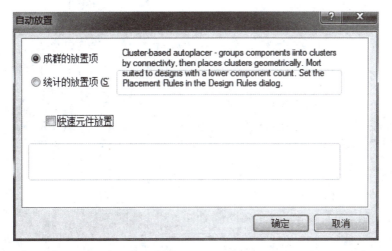

图6-51　自动布局对话框

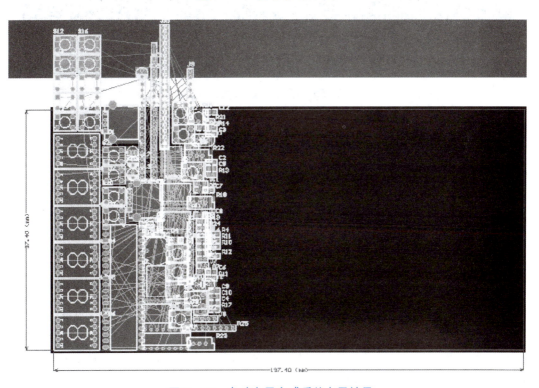

图6-52　自动布局完成后的布局结果

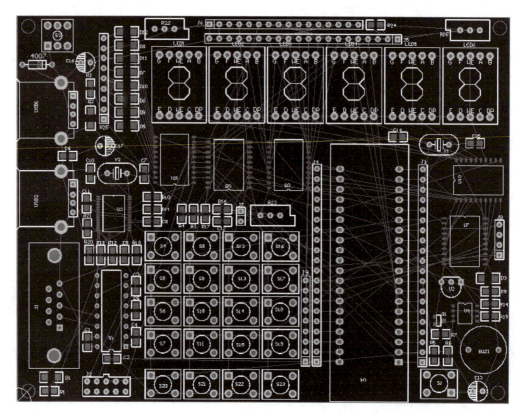

图 6 –53　手工调整后的布局结果

6.2.5　元件布线

一、设置布线规则

为了提高布线的质量和成功率，在布线之前需要进行设计规则的设置，通过执行菜单命令【设计】→【规则】，打开设计规则对话框，在本例中主要进行设置的设计规则如下。

（1）布线安全距离，用于设置铜膜走线与其他对象间的最小间距，在设计规则对话框中的"Electrical"根目录下的"Clearance"选项中，设置最小间隙（最小安全距离），在此我们设定为 0. 25mm，单击"确认"按钮即可。如图 6 – 54 所示。

（2）设置布线宽度，布线宽度在布线规则设置对话框中 Routing 根目录下的 Width 选项，如图 6 – 55 所示。布线宽度用于设置铜膜走线的宽度范围、推荐的走线宽度，以及适用的范围。在本例中设置网络节点 GND 的最小线宽和优先尺寸为 0. 762mm，最大宽度为 0. 762mm；其他的最小线宽和优先尺寸为 0. 25mm，最大宽度为 0. 25mm。注意设置时 Top Layer 层和 Bottom Layer 层都要设置。

（3）布线工作层设置，用于设置放置铜膜导线的板层，在布线规则设置对话框中 Routing 根目录下的 RoutingLayers 选项。在本例中采用双面板设计，有效层有 TopLayer 和 BottomLayer 两层。设置如图 6 – 56 所示。

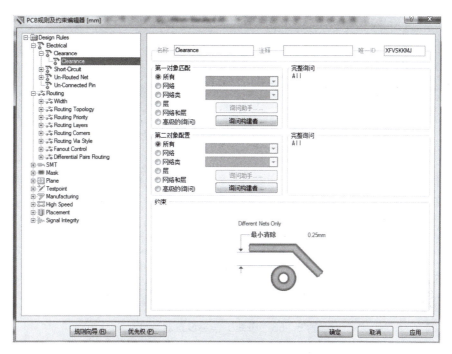

图6-54 布线安全间距设置对话框

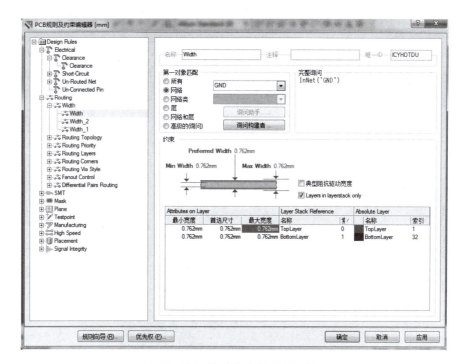

图6-55 布线宽度设置对话框

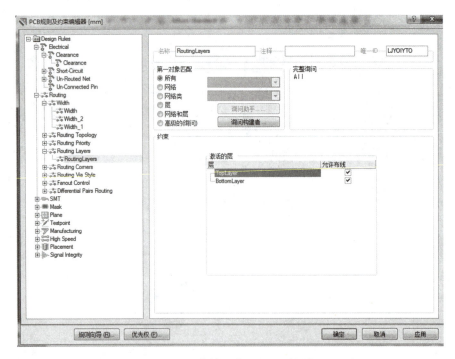

图 6 –56 布线工作层设置对话框

（4）布线拐角方式设置，布线宽度设置对话框，用于设置布线的拐角方式，在布线规则设置对话框中 Routing 根目录下的 RoutingCorners 选项中。在本例中选择 45 度拐角风格，设置如图 6 –57 所示。

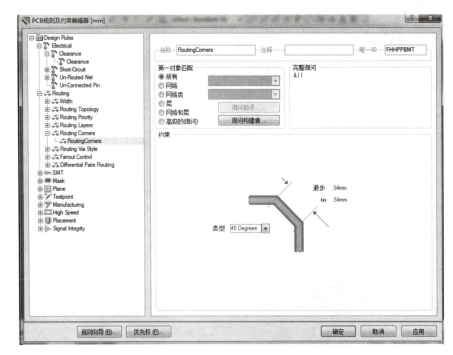

图 6 –57 布线拐角方式设置对话框

（5）过孔类型设置，用于设置自动布线过程中使用的过孔大小及适用范围。在布线规则设置对话框中 Routing 根目录下的 RoutingVias 选项中，设置如图 6 - 58 所示。

图 6 - 58　过孔类型设置对话框

二、自动布线和 3D 效果图

在依次完成了前面的设计步骤后，就可以启动自动布线，对于初学者来说，这是一个激动人心的步骤，前面所有的努力，到这一步终于有了初步成果。自动布线的操作方法如下。

（1）如图 6 - 59 所示，执行【自动布线】→【全部】菜单命令。

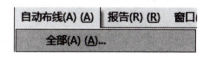

图 6 - 59　自动布线菜单

（2）弹出如图 6 - 60 所示的自动布线策略选择对话框，一般采用默认项参数即可。

（3）在如图 6 - 60 所示的自动布线策略设置对话框中，单击【Route All】按钮布所有导线，将启动自动布线过程。本例中元件较多，布线速度较慢，自动布线过程中弹出如图 6 - 61 所示的自动布线信息报告栏。

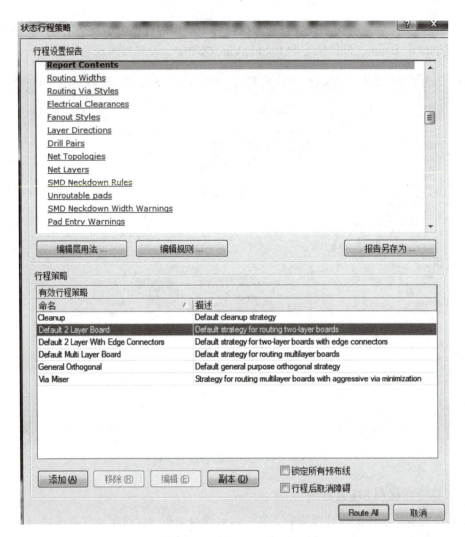

图6-60　自动布线策略设置对话框

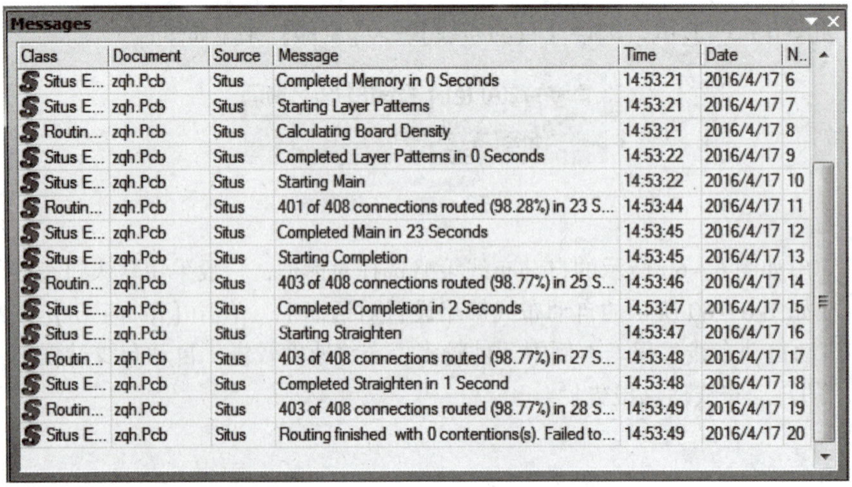

图6-61　自动布线信息报告

（4）在如图6－61所示的自动布线信息报告栏中，单击关闭按钮，将可以看到本例
51单片机实验板自动布线的结果图如图6－62所示。因为计算机配置不同，元件布局差异
将导致布线结果可能差别较大，读者可以多次运行自动布线命令，选取布线效果最好的
一次。

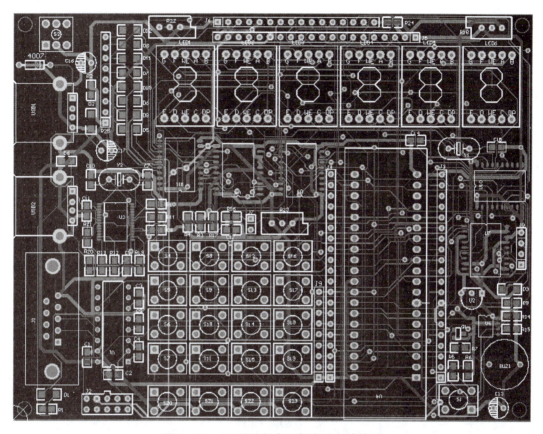

图6－62　51单片机实验板自动布线结果

（5）观看电路板3D效果图。如图6－63所示，执行【察看】→【3D显示】菜单命
令，可以观看到电路板的立体效果图，如图6－64所示。当然它只是一种模拟的三维电路
板图，并不能完全等同于实际电路板和实际元件，但通过该图，我们可以从立体三维空间
的角度，较为直观地观察到电路板的一些有用信息，如元件布局上是否有元件重叠，是否
有元件之间距离太近。

现在终于初步制作了一个51单片机实验板电路板，体验了利用Altium Designer制
作电路板的基本过程。当然，该板中还存在着较多的不足之处，如自动布线后部分导
线存在弯曲太多，绕行太远等缺陷，如图6－62所示。所以在下一任务中，将介绍该
电路板的进一步改进和完善的内容，包括手工修改导线等PCB板制作过程中的常用
技巧。

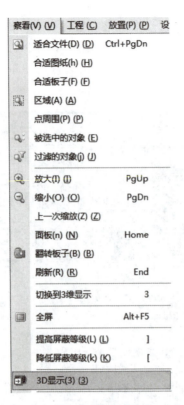

图 6 –63　打开 3D 显示

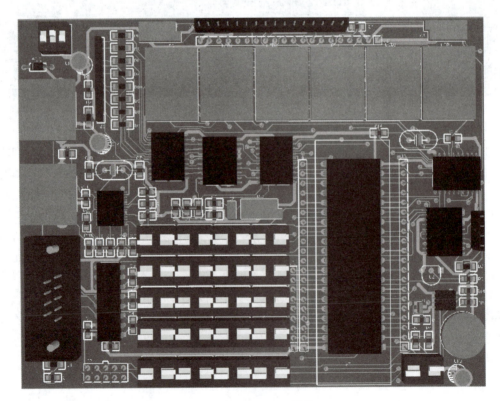

图 6 –64　3D 显示效果

任务3　PCB 板的改进

6.3.1　布线规律检查和走线修改

下面结合前面任务绘制的 51 单片机实验板 PCB 内容，介绍走线和修改的方法。

先打开前面所绘制的 51 单片机实验板 PCB 板，根据上面讲的布线规律仔细检查电路板连线，发现图中有很多较为明显的违反布线规律的导线，如图 6-65 所示。

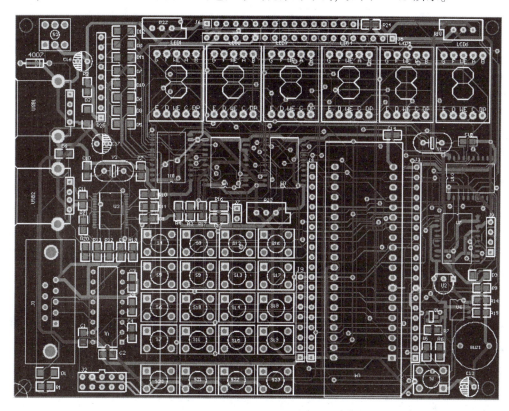

图 6-65　绘制完成后的 51 单片机实验板

铜线的宽度应以自己所能承载的电流为基础进行设计，铜线的载流能力取决于以下因素：线宽、线厚（铜铂厚度）、容许温升等，表 6-1 中列出了铜导线的宽度和导线面积以及导电电流的关系（军品标准），可以根据这个基本的关系对导线宽度进行适当的考虑。

表 6-1　线宽和流过电流大小之间的关系

导线宽度（Mil）	导线电流（A）
10	1
15	1.2
20	1.3
25	1.7

续表

导线宽度（Mil）	导线电流（A）
30	1.9
50	2.6
75	3.5
100	4.2
200	7.0
250	8.3

印制导线最大容许工作电流（导线厚 50um，容许温升 10℃）相关的计算公式为：

$$I = KT^{0.44}A^{0.75}$$

其中：

K 为修正系数，一般覆铜线在内层时取 0.024，在外层时取 0.048；

T 为最大温升，单位为℃；

A 为覆铜线的截面积，单位为 mil（不是 mm，需留意）；

I 为容许的最大电流，单位是 A。

图中有的地方导线走线违反了安全载流原则，可以双击该导线，弹出该导线的属性对话框，查表 6-66 确定合适的导线宽度；有的地方导线走线违反了走线拐角规律，即导线转折处内角不能小于 90°；有的地方导线不够美观精简。以上必须进行手工修改，具体修改方法如下。

一、修改走线宽度

修改走线宽度的方法较简单。只需双击该走线，弹出如图 6-66 所示的导线属性对话框，将宽度改为适当的宽度即可。使用相同的方法，可以将其他走线的宽度修改过来。

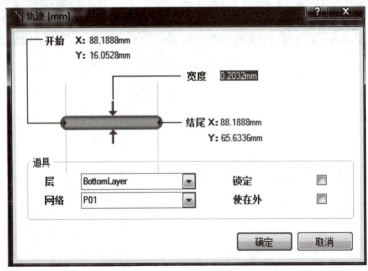

图 6-66　导线属性对话框

二、打开放置工具

执行【放置】菜单命令，如图6－67所示。利用过孔等完成布线。

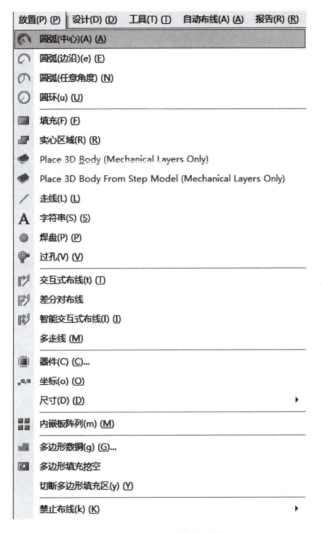

图6－67 放置菜单命令

三、删除或撤销原布导线

（1）删除导线。选中要删除的导线，按【Del】键即可删除。

（2）撤销原布导线。执行删除命令一次只能删除一段导线，如果想整条导线撤销或将PCB板所有导线撤销，必须执行【工具】→【取消布线】，如图6－68所示。

以下是各个子菜单的含义。

【全部】：撤销所有导线。

【网络】：以网络为单位撤销布线。如选择【网络】命令后单击GND网络的导线，则撤销所有接地导线。

【联接】：撤销两个焊盘点之间的连接导线。

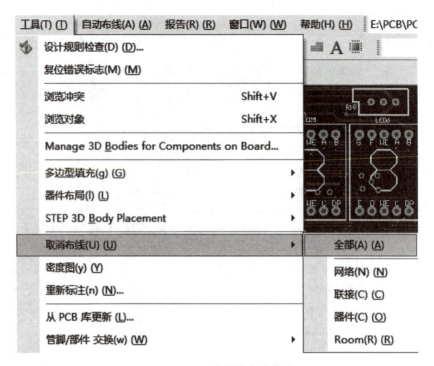

图 6 -68　取消布线命令菜单

【器件】：撤销与该元件连接的所有导线。

四、选择底层信号层为当前工作层面

因为单片板导线位于【Bottom Layer】底层信号层，所以利用鼠标选择当前工作层面为该层，如图 6 -69 所示。这一步非常重要，因为不同层面绘制的导线具有不同的电气特性。

图 6 -69　选择底层信号层

五、手工重新走线

执行【放置】→【交互式布线】菜单命令，如图 6 - 70 所示。查看布线规则，完成交互式布线，布线过程中可按【Tab】键修改走线属性。

六、电源/接地线的加宽

为了提高抗干扰能力，增加系统的可靠性，往往需要将电源/接地线和一些流过电流较大的线加宽。增加电源/接地线的宽度可以在前面讲述的设计规则中设定，读者可以参考前面的讲述，设计规则中设置的电源/接地线宽度对整个设计过程均有效。当设计完电路板后，如果需要增加电源/接地线的宽度，也可以直接对电路板上电源/接地线加宽。

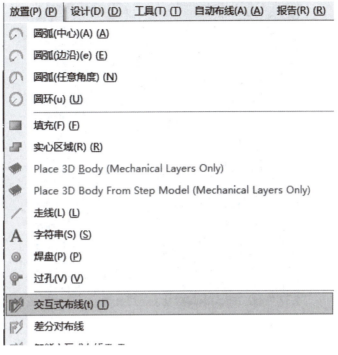

图6-70 选择交互式布线

（1）移动光标，将光标指向需要加宽的电源/接地线或其他线。

（2）选中电源/接地线，并双击鼠标左键，系统就会打开如图6-71所示的对话框

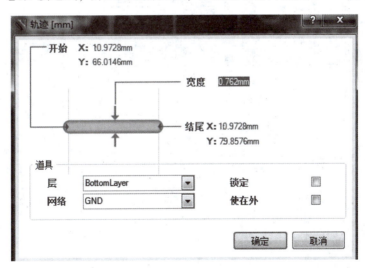

图6-71 导线属性对话框

（3）用户在对话框的宽度选项中输入实际需要的宽度值即可。电源/接地线被加宽后的结果如图6-72所示，如果要加宽其他线，也可按同样方法进行操作。

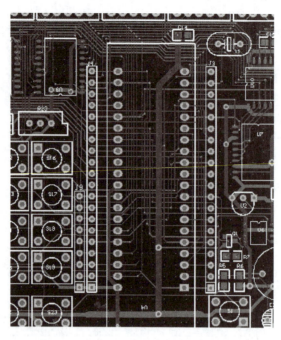

图6-72 电源/接地线被加宽后的结果

七、修改其他走线

依据同样的方法，修改如图6-64所示中其他需要修改的走线，完成后效果如图6-73所示。

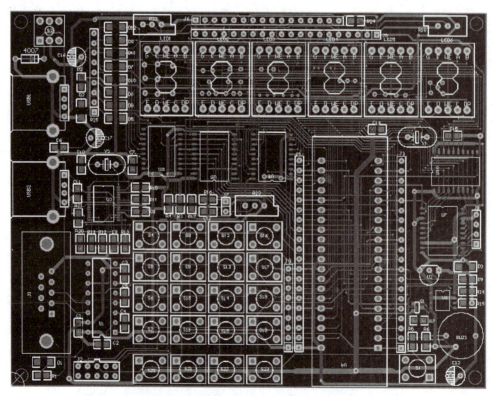

图6-73 修改完成后的51单片机实验板

6.3.2 添加覆铜区

为了提高 PCB 的抗干扰性，通常要对要求比较高的 PCB 实行敷铜处理。敷铜可以通过执行【Place】→【Polygon Plane】命令来实现。下面以上面的实例讲述敷铜处理，顶层和底层的敷铜均与 GND 相连。

（1）单击绘图工具栏中的按钮▦，或执行【放置】→【多边形敷铜】命令，如图 6 –74 所示。

（2）执行此命令后，系统将会弹出如图 6 –75 所示的多边形平面属性对话框。

此时在【链接到网络】下拉列表中选中【GND】，然后分别选中【Pour Over All Same Net Objects】（相同的网络连接一起）和【死铜移除】复选框，【层】选择【Top Layer】，其他设置项可以取默认值。

（3）设置完对话框后单击【确定】按钮，光标变成十字状，将光标移到所需的位置，单击鼠标左键，确定多边形的起点。然后再移动鼠标到合适位置，单击鼠标左键，确定多边形的中间点。

图 6 –74　打开敷铜对话框

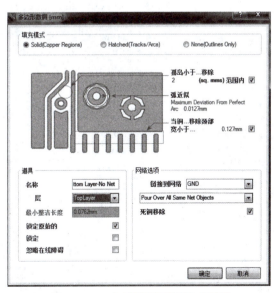

图 6 –75　多边形平面属性对话框

（4）在终点处单击鼠标右键，程序会自动将终点和起点连接在一起，并且去除死铜，形成电路板上敷铜，如图 6 –76 所示。

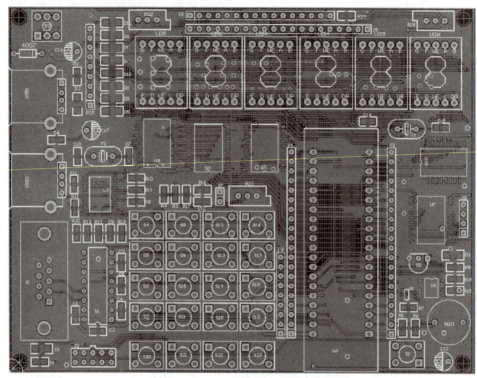

图 6 -76　顶层敷铜后的 PCB 图

对底层的敷铜操作与上述类似，只是【层】选择【Bottom Layer】，效果如图 6 -77 所示。

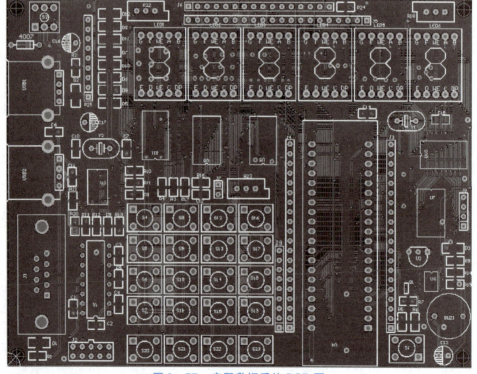

图 6 -77　底层敷铜后的 PCB 图

6.3.3　补泪滴

为了增强印制电路板（PCB）网络连接的可靠性，以及将来焊接元件的可靠性，有必要对 PCB 实行补泪滴处理。补泪滴处理可以执行【工具】→【滴泪】命令，如图 6-78 所示，弹出的补泪滴属性对话框，如图 6-79 所示，选择需要补泪滴的对象，通常焊盘（Pad）有必要进行补泪滴处理。最后选择泪滴的形状，并选择【添加】选项以实现向 PCB 添加泪滴，最后单击【确定】按钮即可完成补泪滴操作。

图 6-78　打开滴泪命令菜单

图 6-79　泪滴选项属性框

任务4　多功能六位电子钟

6.4.1　原理说明

一、显示原理

显示部分主要器件为 3 只两位一体共阳极数码管，驱动采用 PNP 型三极管驱动，各端口配有限流电阻，驱动方式为动态扫描，占用 P3.0 ~ P3.5 端口，段码由 P1.0 ~ P1.6 输出。冒号部分采用 4 个 Φ3.0 的红色发光二极管，驱动方式为独立端口 P1.7 驱动。

二、键盘原理

按键 S1 ~ S3 采用复用的方式与显示部分的 P3.5、P3.4、P3.2 口复用。其工作方式为：在相应端口输出高电平时读取按键的状态，并由单片机消除抖动并赋予相应的键值。

三、迅响电路及输入、输出电路原理

迅响电路由有源蜂鸣器和 PNP 型三极管组成。其工作原理是当 PNP 型三极管导通后有源蜂鸣器立即发出定频声响。驱动方式为独立端口驱动，占用 P3.7 端口。

输出电路是与迅响电路复合作用的，其电路结构为有源蜂鸣器，5.1K 定值电阻 R6，排针 J3 并联。当有源蜂鸣器无迅响时，J3 输出低电平，当有源蜂鸣器发出声响时，J3 输出高电平，J3 可接入数字电路等各种需要。驱动方式为迅响复合输出，不占端口。

输入电路是与迅响电路复合作用的，其电路结构是在迅响电路的 PNP 型三极管的基极电路中接入排针 J2。引脚排针可改变单片机 I/O 口的电平状态，从而达到输入的目的。驱动方式为复合端口驱动，占用 P3.7 端口。

四、单片机系统

本产品采用了单片机 AT89C2051 为核心器件，并配合所有的外围电路，具有上电复位的功能，无手动复位功能。

6.4.2　使用说明

一、功能按键说明

S1 为功能选择按键，S2 为功能扩展按键，S3 为数值加一按键。

二、功能及操作说明

操作时，连续短时间（小于 1 秒）按动 S1，即可在以上的 6 个功能中连续循环。中途如果长按（大于 2 秒）S1，则立即回到时钟功能的状态。

（1）时钟功能：上电后即显示 10：10：00，寓意十全十美。

（2）校时功能：短按一次 S1，则当前时间和冒号为闪烁状态，按动 S2 则小时位加 1，按动 S3 则分钟位加 1，秒时不可调。

（3）闹钟功能：短按两次 S1，显示为 22：10：00，冒号为长亮状态。按动 S2 则小时位加 1，按动 S3 则分钟位加 1，秒时不可调。当按动小时位超过 23 时则会显示 － －：－ －：－ －，这个表示关闭闹钟功能。闹铃声为蜂鸣器，长鸣 3 秒钟。

（4）倒计时功能：短按三次 S1，显示状态为 0，冒号为长灭状态。按动 S2 则从低位依此显示高位，按动 S3 则相应位加 1，当 S2 按到第 6 次时会在所设定的时间状态下开始倒计时，再次按动 S2 将再次进入调整功能，并且停止倒计时。

（5）秒表功能：短按四次 S1，显示状态为 00：00：00，冒号为长亮状态。按动 S2 则开始秒表计时，再次按动 S2 则停止计时，当停止计时的时候按动 S3，则秒表清零。

（6）计数器功能：短按五次 S1，显示状态为 00：00：00，冒号为长灭状态，按动 S2 则计数器加 1，按动 S3 则计数器清零。

三、电路原理图

电路原理图如图 6－80 所示。

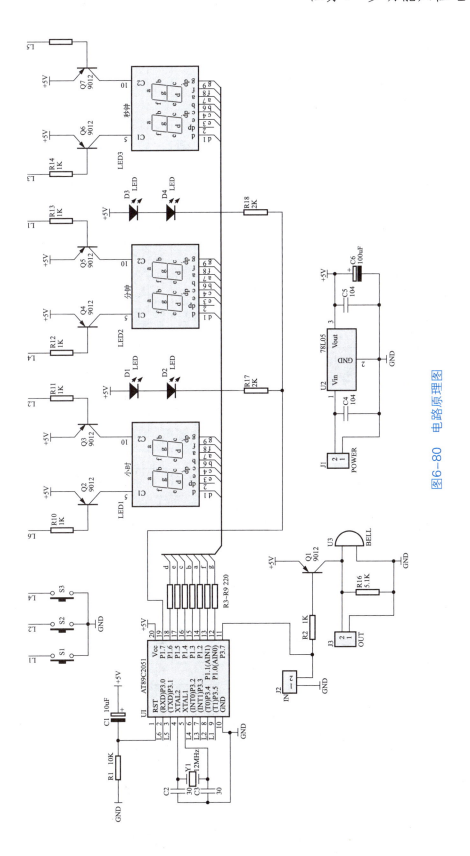

图6-80　电路原理图

四、元件清单

元件清单见表6-2。

表6-2　元件清单

序号	名称	规格	位号	数量
1	单片机	AT89C2051	U1	1
2	三端集成稳压	78L05	U2	1
3	2位共阳数码管	红色0.4寸	LED1~LED3	3
4	发光二极管	红色φ3	D1~D4	4
5	蜂鸣器	5V有源	U3	1
6	瓷片电容	30PF	C2、C3	2
7		0.1uF	C4、C5	2
8	2位排针	间距2.54	J1~J3	3
9	集成电路插座	20P	U1	1
10	电解电容	10uF	C1	1
11		100uF	C6	1
12	晶振	12MHz	Y1	1
13	三极管	9012	Q1~Q7	7
14		220	R3~R9	7
15	电阻	1K	R2、R10~R15	7
16		2K	R17、R18	2
17		5.1K	R16	1
18		10K	R1	1
19	按键	6*6*5	S1、S2、S3	3
20	电池盒	4节5号		1
21	DC插座	5.5*2.1	U1	1
22	电源线	双色2P	带热缩管	1
23	电路板	105*55		1
24	说明书	A4双面		1

成品实物图如图6-81所示。

图6-81 成品实物图

实践练习

1. 原理图模板制作

(1) 新建一个以自己名字拼音命名的 PCB 项目文件。例：文件名为：CDY.PRJPCB；然后在其内新建一个原理图设计文件，名为：mydot1. schdot；

(2) 设置图纸大小为 A4，水平放置，工作区颜色为 18 号色，边框颜色为 3 号色；

(3) 绘制自定义标题栏如图6-82所示。其中边框直线为小号直线，颜色为3号，文字大小为16磅，颜色为黑色，字体为仿宋_GB2312。

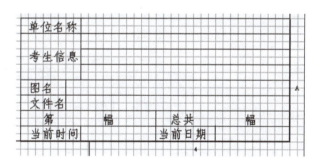

图6-82 图纸标题栏

2. 原理图库操作

(1) 在考生的 PCB 项目中新建原理图库文件，命名为 schlib1. SchLib；

(2) 在 schlib1. SchLib 库文件中建立如图6-83所示的带有子件的新元件，元件命名为 N74F27D，其中第 7、14 号引脚分别为 GND、VDD，在 schlib1. SchLib 库文件中建立新元件，元件命名为 PIC16C61-04/P。

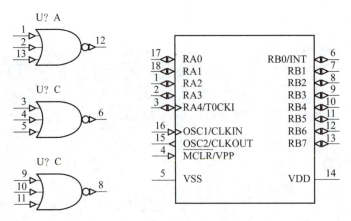

图 6 –83　自制元器件

3. PCB 库操作

（1）新建 PCBLIB1. PcbLib 文件，根据图 6 – 84 给出的相应参数要求创建 SN74F27D 元件封装，命名为 SOP14，单位：inches（millimeters）；

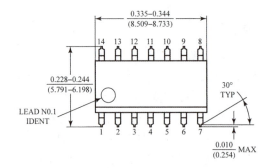

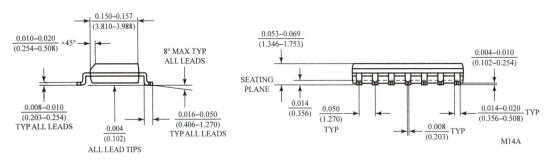

图 6 –84　SN74F27D 元件封装

（2）根据图 6 – 85 给出的相应参数要求在 PCBLIB1. PcbLib 文件中继续新建元件 PIC16C61 – 04/P 的封装，命名为 PDIP18。单位：inches（millimeters）。

4. PCB 设计

（1）将图 6 – 86（a – d）所示的原理图改画成层次电路图，要求所有父图和子图均调用第 1 题所做的模板“mydot1. schdot”，标题栏中各项内容均要从 organization 中输入或自动生成，其中在 address 中第一行输入考生姓名，第二行输入身份证号码，第三行输入准考证号码，图名为：比较输出板，不允许在原理图中用文字工具直接放置；

（2）保存结果时，父图文件名为“旋转 LED. SchDoc”，子图文件名为模块名称；

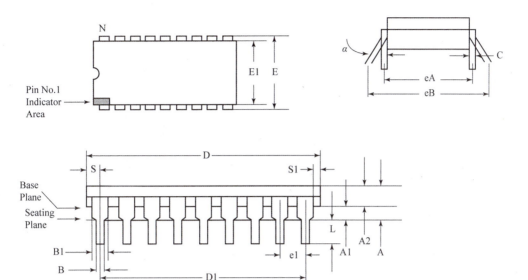

图 6 -85　PIC16C61 -04/P 封装

（3）抄画图中的元件必须和样图一致，如果和标准库中的不一致或没有时，要进行修改或新建；

（4）选择合适的电路板尺寸制作电路板边，要求一定要选择国家标准；

（5）在 PCB1. PcbDoc 中制作电路板，要求根据电路给出的电流分配关系与电压大小，选择合适的导线宽度和线距；

（6）要求选择合适的管脚封装，如果和标准库中的不一致或没有时，要进行修改或新建；

（7）将创建的元件库应用于制图文件中；

（8）保存结果，修改文件名为"旋转 LED. PcbDoc"。

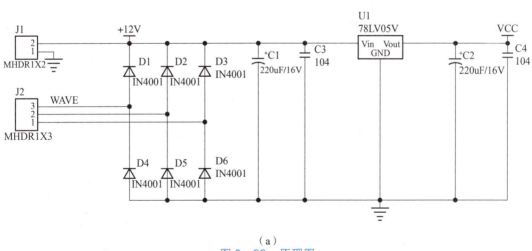

（a）

图 6 -86　原理图

（a）电源模块

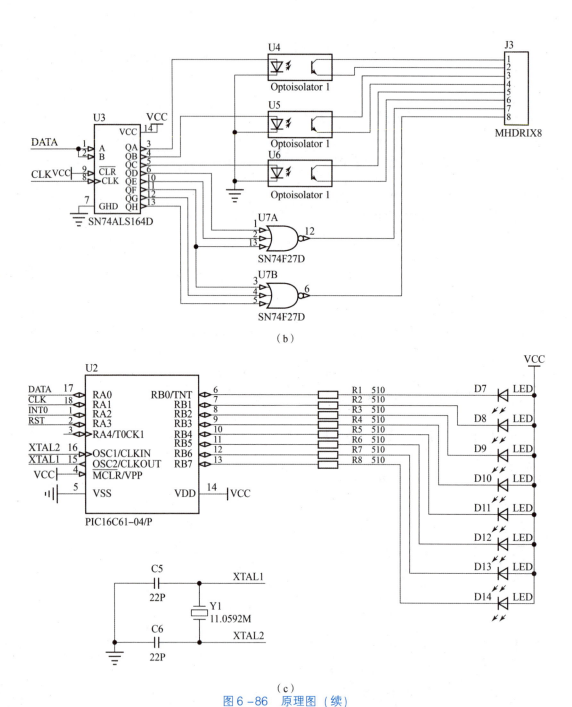

（b）

（c）

图6-86　原理图（续）

（b）输出模块；（c）控制模块

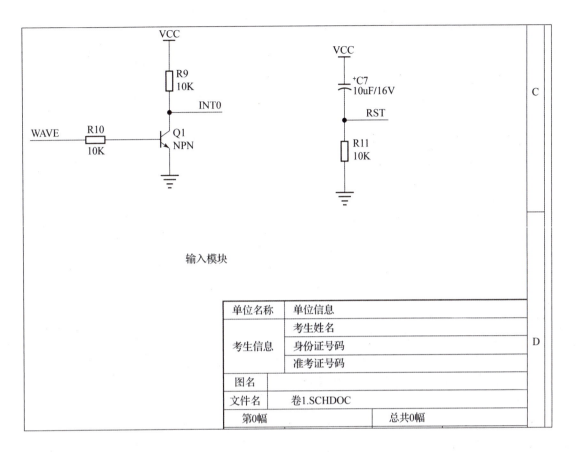

（d）

图6-86 原理图（续）

（d）输入模块

附　　录

附录 A《计算机辅助设计（Protel 平台）绘图员职业技能鉴定大纲》

第一单元　原理图环境设置（8 分）

1. 图纸设置：图纸的大小、颜色、放置方式。
2. 栅格设置：捕捉栅格和可视栅格的显示及尺寸设置。
3. 字体设置：字体、字号、字型等的设置。
4. 标题栏设置：标题栏的类型设置，用特殊字符串设置标题栏上的内容。

第二单元　原理图库操作（10 分）

1. 原理图文件中的库操作：调入库文件，添加元件，给元件命名。
2. 库文件中的库操作：绘制新的库元件，创建新库。

第三单元　原理图设计（15 分）

1. 绘制原理图：利用画图工具以及现有的文件，按照要求绘制原理图。
2. 编辑原理图：按照要求对给定的原理图进行编辑、修改。

第四单元　检查原理图及生成网络表（8 分）

1. 检查原理图：进行电气规则检查和检查报告分析。
2. 生成网络表：生成元件名、封装、参数及元件之间的连接表。

第五单元　印刷线路板（PCB）环境设置（10 分）

1. 选项设置：选择设置各种选项。
2. 功能设置：设置各种功能有效或无效。
3. 数值设置：设置各种具体的数值。
4. 显示设置：设置各种显示内容的显示方式。
5. 缺省值设置：设置具体的缺省值。

第六单元　PCB 库操作（12 分）

1. PCB 文件中的库操作：调入或关闭库文件，添加库元件。
2. PCB 库文件中的库操作：绘制新的库元件，创建新库。

第七单元　PCB 布局（17 分）

1. 元件位置的调整：按照设计要求合理摆放元件。
2. 元件编辑及元件属性修改：编辑元件，修改名称、型号、编号等。
3. 放置安装孔。

第八单元　PCB 布线及设计规则检查（20 分）

1. 布线设计：按照要求设置线宽、板层数、过孔大小，焊盘大小，利用 Protel 的自动布线及手动布线功能进行布线。
2. 板的整理及设计规则检查：布线完毕，对地线及重要的信号线进行适当调整，并进行设计规则检查。

附录 B 《计算机辅助设计（Protel 平台）绘图员职业技能评分点》

项目	评分标准	标准分	评分
原理图	1. 未按指定要求命名设计文件，扣 2 分	2 分	
	2. 元件调入错误，连线不正确，每处扣 1 分	10 分	
	3. 文字标注、网络标号、标称值输入错误或未输入，每处扣 0.5 分	10 分	
	4. 节点放置错误，每处扣 0.5 分	4 分	
	5. 未按要求设置图纸，扣 2 分	2 分	
	6. 原理图正确美观，符合作图规范，加 2 分	2 分	
PCB板图	1. 元件、网络需用网络表调入，元件、网络丢失一个扣 1 分	10 分	
	2. 元器件封装形式错误，每处扣 1 分	10 分	
	3. 考生未按指定板层数布线，扣除总分 60 分，正确加 4 分	5 分	
	4. 未按指定要求设置板框，扣 10 分	10 分	
	5. PCB 板未按指定线宽和绝缘间距布线，扣 10 分	10 分	
	6. 布线美观正确，加 4 分	5 分	
	7. 布通率：一处未布通，扣 4 分	20 分	
注：除 PCB 板图的第三项外，每项扣除的最高分不超过标准分。			

附录 C　计算机辅助设计（Protel 平台）绘图员操作技能考核题

考核要求：

（1）完成此图的原理图绘制，如图 FC－1 所示。图纸用 A4 图纸，图纸底色设置成白色。

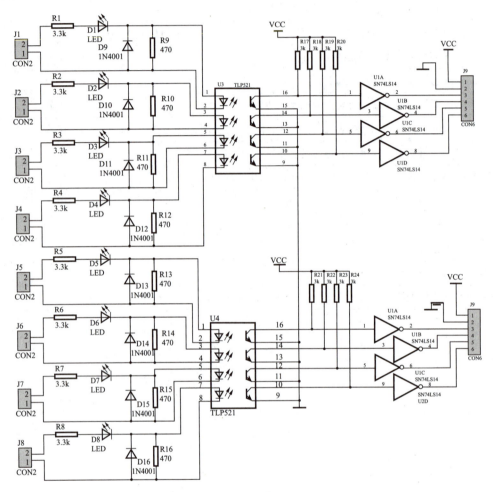

图 FC－1　电路原理图

（2）自制元件 U3。

（3）自制元件的封装 J1，如图 FC－2 所示。

（4）绘出此电路的 PCB 板图。要求用二层板制作，板框尺寸为 70mm×70mm，电源（含输入与输出电源）、地线的走线宽度为 4mm。

（5）每个原理图元件都应该正确的设置封装（Foot Print）、设计号（Designator）、参数（Part）。

（6）要求制 PCB 板前，先生成 ERC 报表文件、网络表文件、原理图元器件清单报表文件。

(7) 采用插针式元件。

(8) 电源与地网络的优先级为 4 级，其他为 1 级。

(9) 同一元件焊盘之间最多允许走两根铜膜线。

(10) 所有焊盘补泪滴。

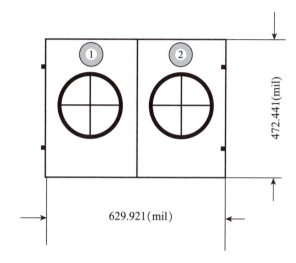

图 FC −2　自制元件的封装 J2

附录 D　Protel DXP 快捷键汇总

设计导航浏览器快捷键	
单击鼠标左键	选中鼠标指向的文档
双击鼠标左键	打开并编辑鼠标指向的文档
单击鼠标右键	显示上下文相关的弹出式菜单
Ctrl + F4	关闭活动文档
Ctrl + Tab	在打开的文档间进行切换
鼠标拖放	将选取的文档从打开的一个工程移动到另外一个工程中
	将选取的文档从文件浏览器拖动设计导航浏览器并作为自由文件打开
Alt + F4	关闭 Protel DXP 设计导航浏览器
原理图和 PCB 图编辑通用快捷键	
Y	Y 向镜像对象
X	X 向镜像对象
Shift + ↑/↓/←/→	按照箭头方向将鼠标移动十个栅格
↑/↓/←/→	按照箭头方向将鼠标移动一个栅格
Space	停止屏幕重画
Esc	结束当前操作过程
End	重画当前屏幕
Home	以鼠标位置为中心重画屏幕
PgDn 或 Ctrl + 鼠标滚轮	缩小
PgUp 或 Ctrl + 鼠标滚轮	放大
鼠标滚轮	向上或者向下摇景
Shift + 鼠标滚轮	向左或者向右摇景
Ctrl + Z	恢复操作
Ctrl + Y	撤销操作
Ctrl + A	选取所有对象
Ctrl + S	保存当前文档
Ctrl + C	拷贝
Ctrl + X	剪切
Ctrl + V	粘贴
Ctrl + R	拷贝并重复粘贴选取的对象
Delete	删除选取的对象

原理图和 PCB 图编辑通用快捷键	
$\boxed{V}$ + $\boxed{D}$	观察整个文档
$\boxed{V}$ + $\boxed{F}$	将文档调整到适合显示图纸中所有元件的大小
$\boxed{X}$ + $\boxed{A}$	方向选择所有对象
按下鼠标右键不放	光标变为手形，移动鼠标可移动整个图纸
单击鼠标左键	将对象设为焦点或者选择对象
单击鼠标右键	弹出浮动菜单或者取消当前的操作过程
双击鼠标左键	编辑对象
$\boxed{Shift}$ +单击鼠标左键	选取/反选对象
$\boxed{Tab}$	在放置对象的时候按下可启动对象属性编辑器
$\boxed{Shift}$ + $\boxed{C}$	取消当前过滤操作
$\boxed{Shift}$ + $\boxed{F}$	启动【Find Similar Object】命令
$\boxed{Y}$	弹出快速查询菜单
$\boxed{F11}$	打开或者关闭检视（Inspector）面板
$\boxed{F12}$	打开或者关闭列表（List）面板
原理图设计快捷键	
$\boxed{Alt}$	限制对象只能在水平或者垂直方向移动
$\boxed{G}$	在捕获栅格的各个设置值间循环切换使用
$\boxed{Space}$	以 90°的方式旋转放置中的元件
$\boxed{Space}$	在添加导线/总线/直线时切换起点或者结束点的模式
$\boxed{Shift}$ + $\boxed{Space}$	在添加导线/总线/直线过程中改变导线/总线/直线的走线模式
$\boxed{Backspace}$	在添加导线/总线/直线/多变形时删除最后一个绘制端点
按下鼠标左键不放 + $\boxed{Delete}$	删除一条设为焦点的导线的一个端点
按下鼠标左键不放 + $\boxed{Delete}$	为一条设为焦点的导线添加一个端点
$\boxed{Ctrl}$ +按下鼠标左键不放并拖动	拖动连接到对象上的所有对象
PCB 设计快捷键	
$\boxed{Shift}$ + $\boxed{R}$	在三种布线模式（Ignore，Avoid or Push Obstacle）间切换
$\boxed{Shift}$ + $\boxed{E}$	打开/关闭电气栅格
$\boxed{Ctrl}$ + $\boxed{G}$	启动捕获栅格设置对话框
$\boxed{G}$	弹出捕获栅格菜单
$\boxed{N}$	在移动元件的同时隐藏预拉线
$\boxed{L}$	将移动中的元件从当前元件面翻转到 PCB 板的另一元件面

PCB 设计快捷键	
Backspace	删除布线过程中的最后一个布线转角
Shift + Space	切换布线过程中的布线转角模式
Space	改变布线过程中布线的开始/结束模式
Shift + S	打开/关闭单层显示模式
O/D/D/Enter	将 PCB 中所有的原始对象以草稿模式显示
O/D/F/Enter	将 PCB 中所有的原始对象以完全模式显示
O + D	启动 Preferences 对话框的【Show/Hide】选项卡
L	启动 Board Layers 对话框
Ctrl + H	选取连接的铜膜走线
Ctrl + Shift + 单击鼠标左键	断开走线
+	将工作层切换到下一工作层（数字键盘）
−	将工作层切换到上一工作层（数字键盘）
*	将工作层切换到下一个布线工作层（数字键盘）
M + V	垂直移动分割电源层
Alt	布线过程中临时改变布线模式从 Ignore – Obstacle 到 Avoid – Obstacle
Ctrl	布线过程中临时禁止电气栅格
Ctrl + M	测量距离
Shift + Space	顺时针转换移动的对象
Space	逆时针旋转移动的对象
Q	切换单位（公制/英制）制式

附录 E 常用电子元器件与封装符号

在设计 PCB 的过程中，有些元器件是设计者经常用到的，比如电阻、电容以及三端稳压源等。在 Protel DXP 中，同一种元器件虽然电气特性相同，但是由于应用的场合不同而导致元器件的封装存在一些差异。因此，本节主要向读者介绍常用元器件的原理图符号和与之对应的元器件封装，同时尽量给出一些元器件的实物图，使读者能够更快地了解并掌握这些常用元器件的原理图符号和元器件封装。

1. 电阻

电阻器通常简称为电阻，它是一种应用十分广泛的电子元器件，其英文名为"Resistor"，缩写为"Res"，如图 FE－1 所示。

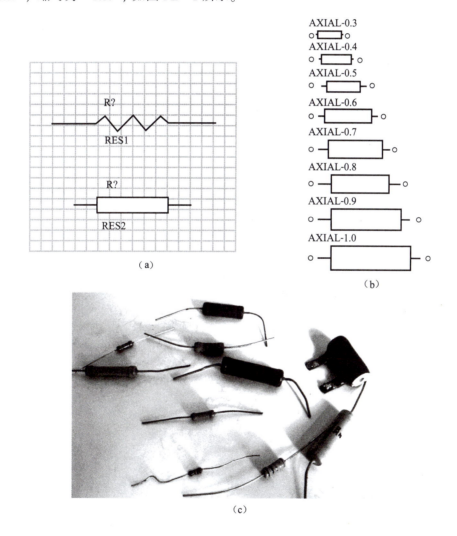

图 FE－1 固定电阻

（a）常用的电阻原理图符号；（b）常用的电阻封装；（c）常用的固定电阻实物

如"AXIAL - 0.3"封装的具体意义为固定电阻封装的焊盘间的距离为 0.3 英寸（=300mil），即为 7.62mm。一般来讲，后缀数字越大，元器件的外形尺寸就越大，说明该电阻的额定功率就越大。

电位器属于可变电阻，是一种连续可调的电阻器，它的电阻值在一定范围内是连续可调的，如图 FE -2 所示。

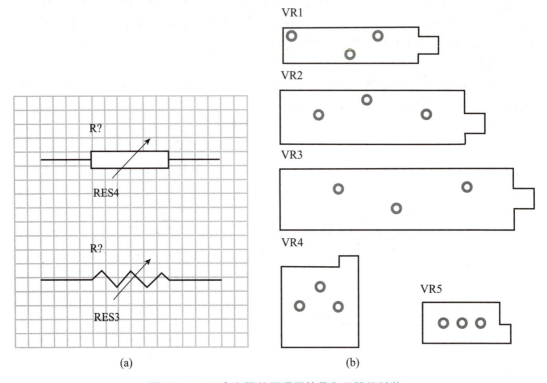

图 FE -2　可变电阻的原理图符号和元器件封装
（a）可变电阻的原理图符号；（b）常用的可变电阻的元器件封装

电位器的种类极多，常见的电位器主要有两种，即绕线电位器和碳膜电位器。

此外，还有将多个电阻集成在一个封装内，从而形成电阻桥，以及各种电阻排，如图 FE -3 所示。

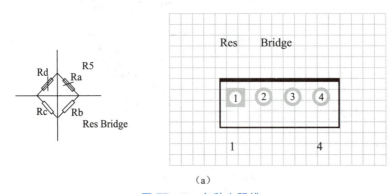

图 FE -3　各种电阻排
（a）电阻桥的原理图符号及对应的元器件封装

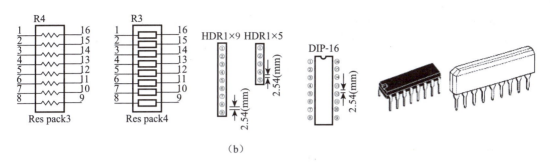

（b）

图 FE–3　各种电阻排（续）
（b）电组排的原理图符号、元器件封装和元器件实物

　　由于电阻的工作环境多种多样，并且所能实现的功能也比较多，因此电阻的种类和型号就比较多，设计者在具体选用的时候就需要按实际情况进行选型。

2. 电容

　　下面主要按照无极性电容和有极性电容来介绍常用的电容器。

　　无极性电容的原理图符号如图 FE–4（a）所示，对应的封装形式为 RAD 系列，从"RAD–0.1"到"RAD–0.4"，后缀数字代表焊盘间距，单位为英寸，如图 FE–4（b）所示。比如"RAD–0.2"表示焊盘间距为 0.2 英寸（=200mil）的无极性电容封装。常见的无极性电容主要有瓷片电容、独石电容和 CBB 电容，其元器件实物如图 FE–4（c）、（d）、（e）所示。

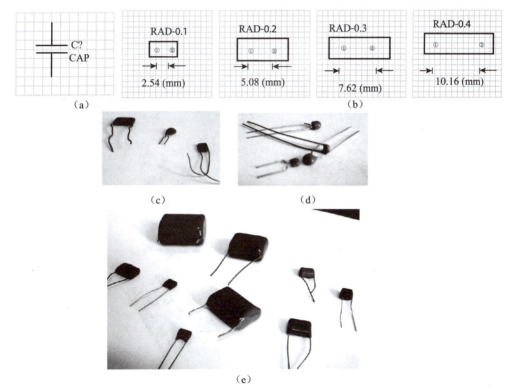

图 FE–4　无极性电容
（a）无极性电容的原理图符号；（b）常用的元器件封装；
（c）瓷片电容；（d）独石电容；（e）CBB 电容

常见的有极性电容为电解电容。电解电容对应的封装形式为 RB 系列，从"RB2/4"到"RB5/10"，前一个后缀数字表示焊盘间距，后一个后缀数字代表电容外形的直径，单位都为英寸。一般来讲，标准尺寸的电解电容的外形尺寸是焊盘间距的两倍。元器件实物如图 FE-5（c）所示。

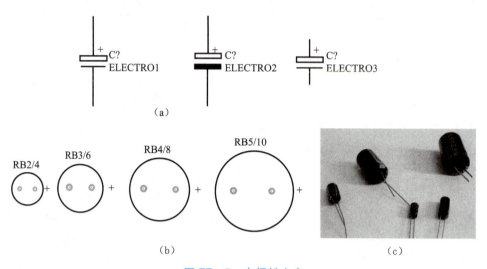

图 FE-5　有极性电容

（a）电解电容的常用原理图符号；（b）电解电容常用的元器件封装；（c）电解电容的实物照片

一般地，电容封装形式名称的后缀数值越大，相应的电容容量也越大。

3. 二极管

二极管的种类繁多，根据应用的场合不同可以分为普通二极管、发光二极管、稳压二极管、快恢复二极管以及二极管指示灯、由多个发光二极管构成的七段数码管等，如图 FE-6 所示。

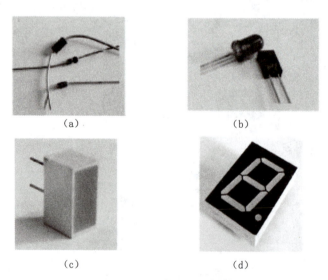

图 FE-6　常见的二极管

（a）普通二极管（稳压二极管）；（b）发光二极管；（c）二极管指示灯；（d）七段数码管

原理图中二极管元器件的常用名称为 Diode（普通二极管）、Diode Schottky（肖特基二极管）、Diode Tunnel（隧道二极管）、Diode Varactor（变容二极管）和 Zener 1~3（稳压二极管）等，如图 FE-7（a）所示。常见的二极管封装有 Diode-0.4、Diode-0.7 和 TO-220，其中 Diode-0.4 指的是普通二极管的焊盘间距为 0.4 英寸，即 10.16mm，如图 FE-7（b)所示。

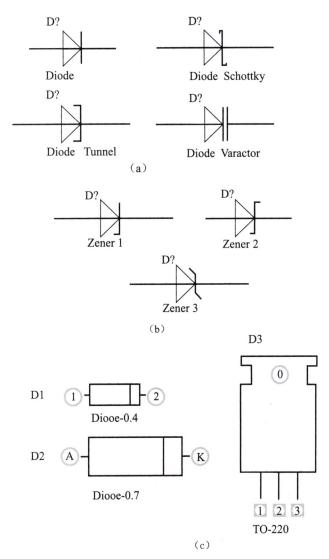

图 FE-7　二极管的原理图符号和元器件封装

（a）二极管的原理图符号；（b）稳压二极管的原理图符号；（c）二极管的常用元器件封装

4. 三极管

普通三极管可根据其构成的 PN 结的方向不同，分为 NPN 型和 PNP 型。这两种类型的晶体管外形完全相同，都包括 3 个引脚，即 B（基极）、C（集电极）和 E（发射极），但是其原理图符号却不一样。如图 FE-8 所示，三极管的原理图符号的常用名称有 "NPN" "NPN1" 和 "PNP" "PNP1" 等。

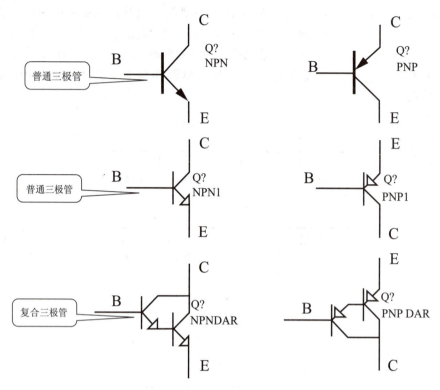

图 FE –8　普通三极管的原理图符号

（a）NPN 型晶体管；（b）PNP 型晶体管

　　三极管的常用封装主要有 TO –18（普通三极管）、TO –220（大功率三极管）、TO –3（大功率达林顿管）和 TO –92A（普通三极管）等，如图 FE –9 所示。

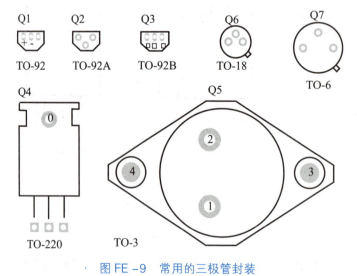

图 FE –9　常用的三极管封装

三极管的实物如图 FE – 10 所示。

(a)   (b)

（c）

图 FE –10   常见三极管的实物照片

（a）普通三极管；（b）功率三极管1；（c）功率三极管2

5. 整流桥

普通整流桥的实物如图 FE – 11（a）所示，常用名称是 Bridge1 和 Bridge2，如图
FE – 11（b）所示，常用的封装形式如图 FE – 11（c）所示。

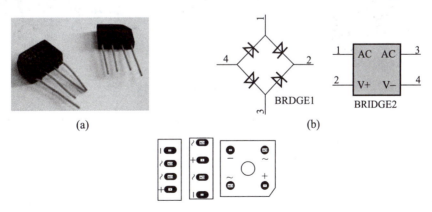

(a)   (b)

图 FE –11   常用的整流桥

（a）普通整流桥；（b）整流桥的原理图符号；（c）整流桥的元器件封装形式

6. 接插件

在电路板设计中，经常用到的接插件有单排插座、双排插座和一些专用的接口等，如图 FE – 12 所示。

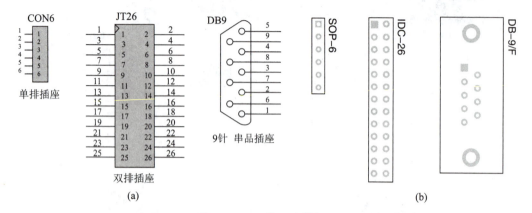

图 FE – 12 常用的接插件
(a) 原理图符号；(b) 元器件封装

7. 双列直插式集成电路芯片

用户在电路设计过程中，为了方便安装和调试，在初次设计电路板时往往将许多集成电路芯片的选型定为双列直插元器件（DIP）。图 FE – 13 所示为常用的双列直插式集成电路芯片。

图 FE – 13 双列直插式集成电路芯片

在电路板调试过程中，常常在电路板上焊接 IC 座，然后将集成电路芯片插在 IC 座上，这样可以方便集成电路芯片的拆卸。图 FE – 14 (a) 所示为常用的 IC 座，其对应的元器件封装如图 FE – 14 (b) 所示。

(a)

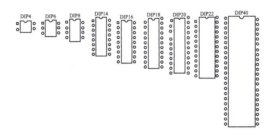

(b)

图 FE－14　常用的 IC 座及其元器件封装

（a）常用的 IC 座；（b）双列直插式集成电路芯片的元器件封装

附录 F　常用元件及封装

　　常用电子元件在 ProtelDXP、Multisim、Proteus 中的名称及其封装有所不同，但总体差别不大，本附录仅给出了一些常用的元件及封装，其他更多元件请采用查找方式或查阅更详细的软件件手册。

子元件	ProtelDXP 中的元件		Multisim 中的元件		Proteus 中的元件	
	元件名称	封装名称	元件名称	封装名称	元件名称	封装名称
		MiscellaneousDevices. SchLib				
天线	Antenna	PIN1	Antenna			
电池	Battery	BAT－2	Battery			
铃	Bell	PIN2				
蜂鸣器	Buzzer	PIN2	Buzzer	CONN－SIL2	Buzzer	Buzzer
非极性电容	Cap	RAD－0.1～RAD－0.5	CAP	CAP10	CAPACITOR: 1uf	CAPR500－700X300 X200
极性电容	Cap Poll～3	CAPPR2－5X6.8	CAP－ELEC	ELEC－RAD10	CAP－ELECTROLIT: 10UF	CAPPA1600－1000X600
二极管	Diode	DIODE－0.4/	1N4XXX	DO41	1N4148	DO－35
共阳七段数码管	Dpy Red－CA	LEDDIP－10/C5.08	7SEG－MPX1－CA		SEVEN_ SEG_ D_ COM_ A	7SEG8DIP10A
共阴七段数码管	Dpy Red－CC	LEDDIP－10/C5.08	7SEG－MPX1－CA		SEVEN_ SEG_ D_ COM_ K	7SEG8DIP10A
保险管	Fuse 1	PIN－W2/E2.8	FUSE		FUSE	FUSE1
跳线	Jumper	PIN2	Jumper	CONN－SIL2		
灯	Lamp	PIN2	LAMP		LAMP	LAMP
发光二极管	LED0～3	LED－0; LED－1;	LED		LED	LED9R2_ 5V
话筒头	Mic1	PIN2				

续表

子元件	ProtelDXP 中的元件		Multisim 中的元件		Proteus 中的元件	
直流电机	Motor	RB5 – 10.5	MOTOR			
伺服电机	Motor Servo	RAD – 0.4	Motor – Servo			
步进电机	Motor Step	SIP – 6	Motor – Stepper			
NPN 三极管	NPN	BCY – W3	NPN	TO92	NPN/2N3093	TO – 92
PNP 三极管	PNP	BCY – W3	PNP	TO92	PNP/2N3905	TO – 92
电位器	RPOT	VR2 – 5	POT		POTENTIOMETER	LINPOT
电阻	Res1 ~ 3	AXIAL – 0.3 ~ 0.9	RES	RES40	Resister 1K	RES900 – 300X200
可控硅	SCR	SFM – T3/E10.7V	SCR	TO92	SCR/2N1595	TO – 205AF
喇叭	Speaker	PIN2	Speaker	CONN – SIL2		
多位开关	SW DIP – 2 ~ 9	DIP – 4 ~ 18	SW – DIP4/7/8	DILXX	DIPSW1 ~ 10	DIPSW1 ~ 10H
一位开关	SW – PB	SPST – 2	BUTTON		SPST	SPST
变压器	Trans	TRF_ 4 ~ 5	TRANS2P2S		TRANSFORMOR: TS_POWER_ 10_ TO_ 1	XFMR_ 5PIN
晶振	XTAL	BCY – W2/D3.1	CRYSTAL	XTAL18	CRYSTAL: HC – 49/U_ 11M	HC – 49
	MiscellaneousConnectors. SchLib					
单排接插件	Header 2 ~ 30	HDR1X2 ~ 30	CONN – SIL1 ~ 18	CONN – SIL1 ~ 18	HDR1X1 ~ 20	HDR1X1 ~ 20
双排接插件	Header 2 ~ 30X2	HDR2X2 ~ 30	CONN – DIL10 ~ 20	CONN – DIL10 ~ 20	HDR2X2 ~ 25	HDR1X1 ~ 20
同轴电缆连接器	BNC	PIN1	PIN	PIN		
9 针串口母座			CONN – D9F	D – 09 – F – R	DSUB9F	DB9F
9 针串口公座			CONN – D9M	D – 09 – M – R	DSUBD9M	DB9M

子元件	ProtelDXP 中的元件		Multisim 中的元件		Proteus 中的元件	
	TI Logic＊＊＊. Intlib					
74 系列芯片	74LSXX	DIP－XX	74LSXX	DILXX	74SXX/74LSXX	DIPXX
	Motorola Amplifier operationalAmplifier. Intlib					
运放	LM324 \ LM358	DIP－XX	LM324 \ LM358	DILXX	LM324/LM358	DIP－XX
	NSC PowerMgt Voltage Regulator					
电源芯片系列	LM78XX/79XX	TO－220	LM7805/7905	P1	LM7805/7905	TO－220/
	TI Analog TimerCircut. Intlib					
555	LM555	DIP－8			LM555	
			24C02	DIL8		M08A
			ADC0809	DIL28	MIXED：ADC－DAC	
			DAC0832	DIL20	MIXED：ADC－DAC	
					8051	DIP－40
					1X8SIP	SIP－9

参 考 文 献

[1] 周润景. Altium Designer 原理图与 PCB 设计（第 3 版）[M]. 北京：电子工业出版社，2015.

[2] 张群慧，侯小毛. Altium Designer 印制电路板设计与制作教程 [M]. 北京：中国电力出版社，2016.

[3] 黄智伟. 印制电路板（PCB）设计技术与实践（第 3 版）[M]. 北京：电子工业出版社，2017.

[4] 牛百齐. Protel DXP 2004 SP2 印制电路板设计 [M]. 北京：机械工业出版社，2018.

[5] 唐雯雯. 印制电路板设计与应用 [M]. 北京：北京工业大学出版社，2018.

[6] 徐敏. Altium Designer16 印制电路板设计 [M]. 北京：化学工业出版社，2019.

[7] 刘炳海. 从零开始学电子电路设计 [M]. 北京：化学工业出版社，2019.

[8] 徐敏. Altium Designer 16 印制电路板设计（项目化教程）[M]. 北京：化学工业出版社，2019.